제2판

위상수학 입문

문명호 · 박종일 지음

KM 경문사

머리말

위상수학 공부를 시작하는 학생들이 꼭 배워야하는 내용에는 어떤 것들이 있을까? 필자 주위의 위상수학을 가르치는 사람들이 공통적으로 동의하는 내용이 집합적 위상수학 분야에 해당하는 위상공간, 거리공간, 연속사상, 옹골공간, 연결공간, 상공간과 대수적 위상수학 분야에 해당하는 호모토피형, 기본군, 덮개공간 등의 개념이다. 이 책은 이런 주제들을 중심으로 필자가 95년 이후로 학부과정의 위상수학 강의를 하면서 틈틈이 써왔던 강의록을 정리, 개선하여 마련한 것이다. 필자의 위상수학 강의에 참석한 학생들은 학부 3, 4 학년 학생들이었다. 이들을 염두에 두고 쓴 강의록이 바탕이 되었다는 점과 포함되어 있는 내용의 양을 고려하면, 이 책은 학부 3, 4 학년을 대상으로 하는 두 학기 정도의 강의교재로 적절할 것이라 생각한다. 첫 번째 학기엔 집합적 위상수학의 기본이 되는 개념들이 포함된 5.1절까지를 다루고 나머지 부분을 두 번째 학기에서 다루는 것이 바람직해 보인다.

위상수학이 기하학의 한 분야인 점을 감안할 때, 위상수학 입문서에는 기하적인 면이 적절하게 포함되어야 한다. 그러나 대부분의 전통적인 위상수학 입문서에는 논리적인 면이 지나치게 강조된 집합적 위상수학 분야의 내용이 '병적으로' 많이 포함되어, 기하적인 면과는 거리가 있다. 이는 처음 위상수학을 공부하는 사람들에게 위상수학에 대한 그릇된 인상을 심어주는 요인이 되기도 한다. 기하학의 가장 기본적이고 궁극적인 연구 대상은 다양체이다. 구조적인 차이가 있지만 위상수학도 다른 기하학과 마찬가지로 다양체를 잘 이해하기 위한 학문이라 하여도 지나친 말은 아니다. 따라서 위상수학 입문서에서 강조되어야 하는 내용들은 다양체를 이해하는 데 유용한 개념들일 것이다. 그래서 이 책에서는 집합적 위상수학의 개념은 꼭 필요한 것으로 최소화하고 곡면, 호모토피형, 기본군, 덮개공간 등의 기하 취향의 개념에 많은 부분을 할애하였다. 집합적 위상수학 부분과 기하 취향의 개념을 많이 포함하는 대수적 위상수학 부분을 균형있게 소개를 한 것이 이 책이 갖고 있는 장점 중의 하나이다. 이런 점에서 M. A. Armstrong의 책 [1]을 모범으로 삼았음을 밝혀둔다.

'쉽게 읽히는 책'을 쓰는 것이 모든 입문서의 저자들이 지향하는 점일 것이다. 이 책에서는 직접 그려볼 수 있을 정도로 구체적인 예를 통하여 위상수학의 중요 개념을 쉽게 습득하도록 배려하였다. 또한 너무 기술적이어서 이해하기 어려운 정리의 경우는 증명을 생략하거나, 특별한 경우로 제한하여 증명을 소개하였다. 이는 독자가 너무 기술적인 부분에 집착하여 개념을 파악하는 데 방해받을 여지를 없애기 위한 것이다.

이 책을 읽는 데 필요한 사전 지식은 학부 2학년 정도에서 배우는 해석개론, 약간의 군론, 기본적인 집합론 등이다. 그러나 사전 지식을 완벽하게 갖출 필요는 없다. 대학 2학년까지 배운 수학 지식을 큰 어려움 없이 이해할 정도면 이 책을 공부하는 데 문제가 없을 것이라 생각한다. 수학을 공부하는 데 있어서 문제를 푸는 것은 매우 중요한 역할을 한다. 문제를 풀어봄으로써 정의, 정리를 통하여 소개된 개념을 명확하게 이해할 수 있게 된다. 이 책의 연습문제는 본문 중에 있는 것과 연습문제로 따로 분류되어 있는 것이 있다. 처음 읽을 때에는 모든 문제를 다 풀 필요는 없으나 본문 중에 있는 문제는 꼭 풀어 볼 것을 권한다. 또한 집합적 위상수학의 개념 중 그 중요도가 크지 않은 것은 연습문제에서 소개하였으니 한 번쯤은 살펴보길 바란다.

이 책이 나오기까지 원고를 읽고 여러가지 오류를 바로잡고 더 낳은 책이 되도록 조언을 아끼지 않은 윤기헌 박사, 조윤희 교수, 이상진 교수에게 감사를 드린다. 특히 이 책에 나타나는 그림을 모두 그려준 윤기헌 박사에게 특별히 고마운 마음을 전하고 싶다.

2004년 11월

문명호, 박종일

차 례

1 위상공간

위상수학이란 '고무종이기하(rubber sheet geometry)'라는 별칭이 그 특징을 잘 나타내듯이 고무처럼 구부리고, 늘이고, 줄일 수 있는(단, 자르거나 찢거나 구멍뚫을 수 없음) 아주 유연한 기하적 대상을 연구하는 것이라 할 수 있다. 구부리고 늘이고 줄이는 행위는 수학적으로 연속의 개념을 이용하여 설명할 수 있는데, 연속 개념의 핵심적인 요소가 '수렴' 혹은 '가까이 있음'을 어떻게 표현하느냐는 것이다. 이 단원에서는 일차원 실수공간 $\mathbb{R}$에서 수렴을 표현하는 방법을 일반화하는 것에 대한 논의로부터 위상공간의 정의를 유도한다. 또한 위상공간을 만드는 여러가지 방법들을 소개하고, 실수공간에서 정의된 열린집합, 집적점, 연속함수 등과 같은 기본적인 개념들을 일반적인 위상공간으로 확장하고, 이들이 갖는 기본 성질들에 대해서 알아본다.

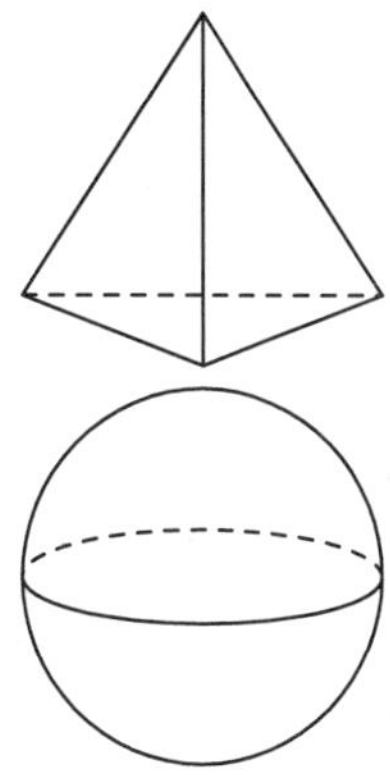

1.1 일차원 실수공간 $\mathbb{R}$

수열 $\{x_n\}$의 극한이 L이라는 것은 자연수 n이 커지면 커질수록 실수 x_n이 L에 수렴함을 뜻하고

$$\lim_{n\to\infty} x_n = L$$

로 나타냈음을 우리는 미적분학으로부터 알고 있다. 이는 L을 포함하는 임의의 열린구간 I에 대하여 충분히 큰 모든 n에 대하여 x_n이 모두 I에 포함된다는 뜻이다. 수학적으로 엄밀하게 표현하면 주어진 임의의 양수 ε에 대하여 다음을 만족하는 자연수 N이 존재한다.

$$n \geq N \text{ 이면 } \quad |x_n - L| < \varepsilon \text{ 이다.}$$

이때, $|x_n - L| < \varepsilon$은 동치명제인 $x_n \in (L-\varepsilon, L+\varepsilon)$로 대치할 수 있다. 여기서 x_n이

L에 가까이 있음을 표현하는 수단으로 L을 포함하는 열린구간을 이용하였음을 주목하자. 이는 가까이 있음을 표현하는 또 다른 수단이 있으면 극한을 표현하는 새로운 방법을 얻을 수 있으며 수직선처럼 거리구조를 갖는 대상이 아니더라도 극한을 정의할 수 있음을 뜻한다. 점 L을 포함하는 열린구간의 모임의 특성을 조사하여 가까이 있음을 추상적으로 표현하는 방법을 유도하여 보기로 하자. 먼저 수직선 위의 점 L을 포함하는 열린구간의 모임은 다음과 같은 성질을 지님을 알 수 있다.

정리 1.1.1 수직선 위의 점 L을 포함하는 열린구간에 대하여 다음과 같은 사실이 성립한다.

(a) L을 포함하는 두 열린구간의 교집합은 다시 L을 포함하는 열린구간이 된다. 따라서 L을 포함하는 유한개의 열린구간의 교집합은 다시 L을 포함하는 열린구간이 된다. 그러나

$$\bigcap_{n=1}^{\infty}\left(L-\frac{1}{n}, L+\frac{1}{n}\right)=\{L\}$$

의 예에서 알 수 있듯이 L을 포함하는 무한개의 열린구간의 교집합은 L을 포함하는 열린구간이 아닐 수도 있다.

(b) 임의의 개수의 L을 포함하는 열린구간의 합집합은 다시 L을 포함하는 열린구간이 된다.

문제 1.1.2 위 정리가 성립함을 보여라.

L을 포함하는 어떤 집합 $\mathscr{N}$ 이 L을 포함하는 열린구간을 적어도 하나 포함하면 $\mathscr{N}$ 을 L의 **근방**(neighborhood)이라 한다. L의 근방의 모임도 정리 1.1.1 에서 언급한 L을 포함하는 열린구간의 모임이 지닌 성질을 갖고 있음을 쉽게 알 수 있다. 근방이란 개념을 이용하면 실수열 $\{x_n\}$이 어떤 실수 L에 수렴한다는 정의를 다음과 같이 바꾸어 쓸 수 있다. 주어진 임의의 근방 $\mathscr{N}$ 에 대하여

$$n \geq N \text{ 이면 } \quad x_n \in \mathscr{N}$$

을 만족하는 자연수 N이 존재한다. 이 정의에서 수직선 위에서 점 x_n과 L사이의 거리인 $|x_n-L|$이 사라졌음을 주목하자. 이는 근방을 대신할 수 있는 도구를 새로 도입함으로써 거리 개념없이 수열의 극한을 정의할 수 있음을 알려준다.

정리 1.1.1 에서 나열한 열린구간의 특징은 수열의 극한에 관한 여러 가지 중요한 사실을 유도할 때 매우 중요한 역할을 한다. 만일 수열의 극한을 표현할 때, 열린구간을 대신할 도구라면 열린구간처럼 $\mathbb{R}$ 의 부분집합으로 정리 1.1.1 에서 나열한 열린구간의 특징을 만족해야 할 것이다. 정리 1.1.1 에서 나열한 열린구간의 특징을 다시 써 보면 다음과 같다.

어떤 점 L을 포함하는 열린구간의 모임을 $\mathscr{T}$ 이라 하면

(a) $\mathscr{T}$ 의 두 원소의 교집합은 다시 $\mathscr{T}$ 의 원소이고,

(b) $\mathscr{T}$ 의 원소의 임의의 합집합은 다시 $\mathscr{T}$ 의 원소이다.

두 열린구간의 합집합이 다시 열린구간이 되지 않을 수 있음을 주목하여 열린구간의 합집합을 수직선 위에서 **열린집합**(open set)이라고 하자. 그러면 열린집합의 모임은 위에서 나열한 두 가지 성질을 만족한다. 또한 다음 두 명제가 동치임을 쉽게 알 수 있다.

(1) 주어진 임의의 양수 ε 에 대하여 다음을 만족하는 자연수 N이 존재한다.

$$n \geq N \text{ 이면 } \quad |x_n - L| < \varepsilon \text{ 이다.}$$

(2) L을 포함하는 임의의 열린집합 U 에 대하여 다음을 만족하는 자연수 N이 존재한다.

$$n \geq N \text{ 이면 } \quad x_n \in U \text{ 이다.}$$

문제 1.1.3 위 두 명제가 동치임을 보여라.

문제 1.1.4 수직선 $\mathbb{R}$ 에서 다음을 보여라.

(a) $\mathbb{R} \setminus \mathbb{Z}$ ($\mathbb{Z}$는 정수집합)가 열린집합임을 보여라.

(b) 무리수집합은 열린집합이 아님을 보여라.

1.2 위상공간

이 절에서는 수직선 위의 열린집합의 모임같이 거리 개념을 대체할 수 있는 구조를 도입하여 보자. 어떤 집합에 근방을 나타내는 구조를 도입하기 위하여 수직선에서 열

린집합의 모임같은 역할을 할 것을 정의하여야 할 것이다. 앞 절의 논의를 고려하면 열린집합의 모임과 같은 역할을 할 것은 기본적으로 주어진 집합의 부분집합의 모임으로 그 곳에 속하는 유한개의 원소의 교집합은 그 곳에 다시 속하고 임의의 개수의 원소의 합집합 또한 다시 그 곳에 속하여야 한다. 그외에 논리적으로 완벽하도록 공집합과 전체집합도 원소로 갖도록 한다.

정의 1.2.1 공집합이 아닌 집합 X와 그 부분집합의 모임 $\mathscr{T}$가 다음을 만족한다고 하자.

(a) $\varnothing, X \in \mathscr{T}$.

(b) $\mathscr{T}$의 유한개의 원 $U_1, \cdots, U_k$에 대하여 교집합 $\cap_{i=1}^{k} U_i$이 $\mathscr{T}$의 원이다.

(c) $\mathscr{T}$의 임의의 원 U_α, $\alpha \in \Lambda$에 대하여 합집합 $\cup_{\alpha \in \Lambda} U_\alpha$이 $\mathscr{T}$에 속한다.

이때 $\mathscr{T}$를 X 위의 **위상**(topology), $(X, \mathscr{T})$를 **위상공간**(topological space)이라 한다. 위상공간을 언급할 때, 혼동의 여지가 없는 한 $\mathscr{T}$를 생략하겠다. 또 $\mathscr{T}$의 원을 **열린집합**(open set)이라 한다.

위 정의는 일차원 실수공간의 열린집합을 일반화하였으므로 일차원 실수공간이 위상공간임은 자명하다. 이 일차원 실수공간의 위상을 실수집합 위의 **보통위상**이라 한다. 특별한 언급이 없으면 앞으로 **실수공간** $\mathbb{R}$라 하면 보통위상이 주어진 실수집합 $\mathbb{R}$로 간주하기로 하자.

보기 1.2.2 실수공간 $\mathbb{R}$의 열린집합 $O_n = (-1/n, 1/n)$에 대하여

$$\cap_{n \in \mathbb{N}} O_n = \{0\}$$

이다. 따라서 무한개의 열린집합의 교집합은 열린집합이 아닐 수 있음을 알 수 있다. ◇

다른 위상공간의 예를 몇가지 들어보기로 하자.

보기 1.2.3 집합 $X = \{0, 1\}$ 위에 정의될 수 있는 위상을 모두 구하여 보자. 먼저 공집합과 전체 집합은 반드시 X 위의 위상에 속해야 하므로 공집합과 전체집합을 포함하는 X의 부분집합의 모임을 구해야 할 것이다. 공집합과 전체집합을 포함하는 X의 부분집합의 모임에는 다음과 같은 것이 있음을 쉽게 알 수 있다.

(a) $\mathscr{T}_1 = \{\varnothing, X\}$

(b) $\mathscr{T}_2 = \{\varnothing, X, \{0\}\}$

(c) $\mathscr{T}_3 = \{\varnothing, X, \{1\}\}$

(d) $\mathscr{T}_4 = \{\varnothing, X, \{0\}, \{1\}\}$

그런데 이 네 가지 모임은 모두 위 정리의 조건들을 만족하므로 X 위의 위상이다. ♢

문제 1.2.4 집합 $X = \{1,2,3\}$ 위의 위상을 모두 구하여라.

보기 1.2.5 X가 공집합이 아닌 집합일 때 $\{\varnothing, X\}$은 X 위의 위상이다. 이 위상공간에서는 열린집합이 공집합과 전체집합 둘 뿐이다. 이 위상을 X 위의 **밀착위상**(indiscrete topology)이라 한다. ♢

보기 1.2.6 X가 공집합이 아닌 집합일 때 $\mathscr{T}$를 X의 멱집합이라 하면 $\mathscr{T}$는 X 위의 위상이 된다. 이 위상을 X 위의 **이산위상**(discrete topology)이라 한다. 또 이산위상을 지닌 위상공간을 이산위상공간이라 한다. 이산위상공간에서는 모든 부분집합이 열린집합이다. 따라서 한 원소로 이루어진 부분집합은 모두 열린집합이다. 사실 한 원소로 이루어진 모든집합이 열린집합이면 그 위상공간은 이산위상공간이다. ♢

보기 1.2.7 X가 공집합이 아닌 집합일 때, X의 부분집합의 모임 $\mathscr{T}$를 다음과 같이 정의하자.

$$U \in \mathscr{T} \Longleftrightarrow X \setminus U\text{가 유한집합이거나 전체집합 }X.$$

이때, $\mathscr{T}$는 X 위의 위상이 되고 이 위상을 X 위의 **유한여집합위상**(finite complement topology)이라 한다. ♢

문제 1.2.8 위 보기 1.2.5, 1.2.6, 1.2.7 에서 주어진 위상이 정의 1.2.1 에서 주어진 조건을 모두 만족함을 보여라.

문제 1.2.9 실수집합 $\mathbb{R}$에 유한여집합위상이 주어져 있는 위상공간이라 할 때, 다음 부분집합은 열린집합일까?

(a) 집합 $\{0\}$

(b) 정수집합 $\mathbb{Z}$

(c) 유리수집합 $\mathbb{Q}$

위상공간에서 여집합이 열린집합인 부분집합을 **닫힌집합**(closed set)이라 한다.

보기 1.2.10 수직선에서 닫힌구간 $[a,b]$는 닫힌집합이나 열린구간 (a,b)와 반개구간 $[a,b)$는 닫힌집합이 아니다. ◇

문제 1.2.11 실수공간 $\mathbb{R}$의 다음 부분집합은 닫힌집합일까?

(a) 정수집합 $\mathbb{Z}$

(b) 무리수 집합 $\mathbb{R}\setminus\mathbb{Q}$

한 가지 조심할 점은 열린집합이라 해서 닫힌집합이 아닌 것은 아니다. 예를 들어 이산공간에서는 모든 부분집합이 열린집합인 동시에 닫힌집합이 된다.

문제 1.2.12 X를 위상공간이라 할 때 다음이 성립함을 보여라.

(a) $\varnothing$과 X는 닫힌집합이다.

(b) 임의의 닫힌집합의 모임 $\{A_\lambda \mid \lambda \in \Lambda\}$에 대하여, 그 교집합 $\cap_{\lambda\in\Lambda}A_\lambda$가 닫힌집합이다.

(c) 유한개의 닫힌집합 $A_1,\cdots,A_m$에 대하여, 합집합 $\cup_{i=1}^m A_i$가 닫힌집합이다.

문제 1.2.13 실수공간 $\mathbb{R}$에서 닫힌집합의 합집합이 닫힌집합이 되지 않을 수도 있음을 보여라

1.3 기 저

일차원 실수공간에서의 열린집합은 열린구간이라는 기본적인 단위의 합집합으로 표시된다. 이처럼 어떤 위상공간에서 일반적인 열린집합을 표현할 수 있는 기본적인 열린집합의 모임을 기저라 한다.

정의 1.3.1 $(X,\mathscr{T})$를 위상공간이라 하고 $\mathscr{B}$가 $\mathscr{T}$의 부분집합이라 하자. $\mathscr{T}$의 임의의 원이 $\mathscr{B}$의 원의 합집합으로 표시될 수 있으면 $\mathscr{B}$를 $\mathscr{T}$의 기저라 한다.

어떤 부분집합의 모임이 주어진 위상공간의 기저임을 판단하는데는 다음 정리가 유용하다.

정리 1.3.2 X는 위상공간이고 $\mathscr{C}$를 열린집합의 모임이라 하자. 다음 두 명제가 서로 동치임을 보여라.

(a) $\mathscr{C}$는 X의 기저이다.

(b) 각 점 $p \in X$와 $p \in U$인 열린집합 U에 대하여, $p \in C \subset U$인 $\mathscr{C}$의 원 C가 존재한다.

증명. ((a) $\Longrightarrow$ (b)) U를 X의 열린집합, $x \in U$라 하자. 기저의 정의에 의하면 $U = \cup_\alpha O_\alpha$인 $\mathscr{C}$의 원 O_α들이 존재한다. $x \in \cup_\alpha O_\alpha$이므로 $x \in O_\alpha$인 O_α가 하나 존재한다. 이 O_α를 C라 놓으면 (b)가 성립함을 알 수 있다.

((b) $\Longrightarrow$ (a)) U를 X의 열린집합이라 하자. (b)에 의하면 각 $x \in U$에 대하여 $x \in C_x \subset U$인 $\mathscr{C}$의 원소 C_x가 존재한다. 이제

$$U = \bigcup_{x \in U} C_x$$

이므로 (a)가 성립한다. □

위상을 표현하는 데 있어서 일부만을 이용하여 전체를 표현하고자 하는 것이 기저를 쓰는 이유이다. 정리 1.3.2는 기저만을 이용하여 전체 위상을 표현하는 방법을 알려준다. 이는 우리가 기저 역할을 할 수 있는 부분집합의 모임을 하나 얻으면 위상이 하나 결정됨을 의미한다. 그러면 어떤 부분집합의 모임이 기저의 역할을 할 수 있을까? 이 질문에 대한 답을 하려면 기저가 갖는 특성을 먼저 살펴 보아야 할 것이다. 기저는 다음과 같은 중요한 특성을 갖는다.

정리 1.3.3 위상공간 X의 기저 $\mathscr{B}$는 다음 두 조건을 만족한다.

(a) 각 점 $p \in X$에 대하여 $p \in B$인 $\mathscr{B}$의 원 B가 존재한다. 다시말해 $\cup_{B \in \mathscr{B}} B = X$이 성립한다.

(b) $\mathscr{B}$의 임의의 두 원 B_1, B_2과 점 $p \in B_1 \cap B_2$에 대하여, $p \in B \subset B_1 \cap B_2$인 $\mathscr{B}$의 원 B가 존재한다.

문제 1.3.4 정리 1.3.3를 증명하여라.

다음 정리에서 볼 수 있듯이 정리 1.3.3 에 제시된 조건은 어떤 부분집합의 모임이 기저가 될 필요충분 조건이다.

정리 1.3.5 공집합이 아닌 집합 X에 대하여 $\mathscr{B}$는 다음을 만족하는 X의 부분집합의 모임이라 하자.

(a) 각 점 $p \in X$에 대하여 $p \in B$인 $\mathscr{B}$의 원 B가 존재한다. 다시말해 $\cup_{B\in\mathscr{B}} B = X$이 성립한다.

(b) $\mathscr{B}$의 임의의 두 원 B_1, B_2과 점 $p \in B_1 \cap B_2$에 대하여, $p \in B \subset B_1 \cap B_2$인 $\mathscr{B}$의 원 B가 존재한다.

이때, $\mathscr{B}$는 X 위의 어떤 위상의 기저가 된다.

증명. X의 부분집합의 모임 $\mathscr{T}$를 다음과 같이 정의하자.

$$U \in \mathscr{T} \iff \text{각 점 } p \in U \text{에 대하여 } p \in B \subset U \text{인 } B \in \mathscr{B}\text{가 존재한다.}$$

이때 $\mathscr{T}$가 X 위의 위상이 됨을 보이는 것은 매우 쉽다. 또한 $\mathscr{B}$가 $\mathscr{T}$의 기저가 됨은 자명하다. □

문제 1.3.6 위 정리의 증명에서 $\mathscr{T}$가 X 위의 위상이 됨을 보여라.

문제 1.3.7 실수집합 $\mathbb{R}$에서 $[a,b)$ 형태의 모든 반개구간의 모임이 $\mathbb{R}$ 위의 어떤 위상의 기저가 됨을 보여라.

문제 1.3.7 에서 주어진 모임에 의하여 결정된 위상을 **아래끝위상**(lower limit topology)이라 하고, 아래끝위상이 주어진 실수공간 $\mathbb{R}$을 $\mathbb{R}_l$로 표시한다.

모든 열린구간의 모임은 실수집합에서 정의된 보통위상의 기저가 됨은 자명하다. 양끝이 유리수인 열린구간의 모임도 역시 실수집합에 정의된 보통위상의 기저가 되는데 양끝이 유리수인 열린구간의 모임이 가산(countable) 집합이 되므로 일차원 실수공간은 가산인 기저를 갖는다. 이처럼 가산인 기저를 갖는 위상공간을 **제2가산공간**(second countable space)이라 한다. 일차원 실수공간은 제2가산공간이다.

문제 1.3.8 실수집합 $\mathbb{R}$에 각각 밀착위상, 이산위상, 유한여집합위상을 정의하여 얻어진 위상공간 중 어느 공간이 제2가산공간인가?

앞의 여러 예에서 보았듯이 같은 집합에 여러가지 위상이 정의될 수 있음은 자명하다. 때때로 같은 집합에 정의된 두 위상은 서로 크기를 비교할 수 있을 때가 있다.

정의 1.3.9 공집합이 아닌 집합 X 위의 두 위상 $\mathscr{T}_1$과 $\mathscr{T}_2$에 대하여 $\mathscr{T}_1 \subset \mathscr{T}_2$이면 $\mathscr{T}_1$이 $\mathscr{T}_2$보다 작다 (또는 $\mathscr{T}_2$가 $\mathscr{T}_1$보다 크다) 한다.

보기 1.3.10 보기 1.2.3 의 네 위상은 다음과 같은 포함관계가 있음을 쉽게 알 수 있다.

$$\mathscr{T}_1 \subset \mathscr{T}_2 \subset \mathscr{T}_4, \quad \mathscr{T}_1 \subset \mathscr{T}_3 \subset \mathscr{T}_4$$

그러나 $\mathscr{T}_2$와 $\mathscr{T}_3$는 서로 크기 비교가 불가능하다. 이 예에서 알 수 있듯이 일반적으로 같은 집합 위에 정의된 모든 위상의 모임은 포함관계에 대하여 전순서집합(totally ordered set)은 아니다. ♢

문제 1.3.11 실수집합 $\mathbb{R}$에 정의된 밀착위상, 이산위상, 보통위상, 유한여집합위상, 아래끝위상의 크기를 각각 비교하여라.

다음은 기저만을 비교하여도 위상의 크기를 비교할 수 있다는 것을 알려주는 정리이다.

정리 1.3.12 $\mathscr{B}_1$과 $\mathscr{B}_2$를 각각 집합 X 위의 위상 $\mathscr{T}_1$과 $\mathscr{T}_2$의 기저라 하자. 이때 다음 두 명제는 동치이다.

(a) $\mathscr{T}_1$이 $\mathscr{T}_2$보다 크다.

(b) 임의의 점 $p \in X$와 p를 포함하는 $\mathscr{B}_2$의 임의의 원 B_2에 대하여 $p \in B_1 \subset B_2$인 $\mathscr{B}_1$의 원 B_1이 존재한다.

증명. ((a) $\Longrightarrow$ (b)) $p \in X$이고 $p \in B_2 \in \mathscr{B}_2$라고 하자. 조건 (a)에 의하여 $B_2 \in \mathscr{T}_1$이다. 정리 1.3.2 에 의하여 $p \in B_1 \subset B_2$인 $\mathscr{B}_1$의 원 B_1이 존재한다.

((b) $\Longrightarrow$ (a)) $U \in \mathscr{T}_2$라 하자. $U \in \mathscr{T}_1$ 임을 보이면 된다. 임의의 점 $p \in U$에 대하여 정리 1.3.2 에 의하여 $p \in B_2 \subset U$인 $\mathscr{B}_2$의 원 B_2가 존재한다. 이제 조건 (b)에 의하면, $p \in B_1 \subset B_2 \subset U$인 $\mathscr{B}_1$의 원 B_1이 존재한다. 따라서 $U \in \mathscr{T}_1$이다. □

연습문제

1. 집합 $X = \{a,b,c\}$ 위의 위상을 모두 구하고, 그 크기를 각각 비교하여라.

2. 위상공간 X의 부분집합 A에 들어 있는 각 점 $x \in A$에 대하여 $x \in U \subset A$인 열린집합 U가 존재하면, A는 열린집합임을 보여라.

3. 어떤 위상공간에서 한 원소로 이루어진 모든 집합이 열린집합인 것은 그 위상공간이 이산위상공간일 필요충분조건임을 보여라.

4. X가 유한집합일 때, X상의 유한여집합위상은 이산위상과 같음을 보여라.

5. 실수 공간 $\mathbb{R}$의 다음 부분집합의 닫힌집합 여부와 열린집합 여부를 판정하여라.

   (a) $A = \{x \mid \frac{1}{2} \leq |x| < 1\}$

   (b) $B = \{1/n \mid n \in \mathbb{N}\}$

   (c) $C = \{0\} \cup B$

   (d) $D = \{x \mid \text{모든 자연수 } n\text{에 대하여 } x \neq 1/n\}$

6. $\mathscr{S} = \{B_\alpha \mid \alpha \in \Lambda\}$를 집합 X의 어떤 부분집합들의 모임이라 하자. $X = \cup_{\alpha\in\Lambda} B_\alpha$이 성립하면 $\mathscr{B} = \{B_{\alpha_1} \cap \cdots \cap B_{\alpha_n} \mid B_{\alpha_i} \in \mathscr{S}\}$는 X에서 어떤 위상의 기저가 됨을 보여라. 이 때 $\mathscr{S}$를 집합 X 위의 **부분기저**(subbasis)라 한다.

7. $\mathscr{B}$를 (a,∞) 형태의 모든 열린구간의 집합이라 하면 $\mathscr{B}$가 $\mathbb{R}$ 위에서 어떤 위상의 기저가 됨을 보여라.

8. $A = \{\frac{1}{n} \mid n \in \mathbb{N}\}$라 하고

$$\mathscr{B} = \{(a,b) | a < b\} \cup \{(a,b) \setminus A | a < b\}$$

   라 하자. 이 때, $\mathscr{B}$가 $\mathbb{R}$ 위에서 어떤 위상의 기저가 됨을 보여라. 또 이 위상과 보통위상과 크기를 비교하여라.

9. 아래끝위상이 주어진 실수집합 $\mathbb{R}_l$은 제2가산공간이 아님을 보여라.

10. 실수공간 $\mathbb{R}$에서 서로 만나지 않는 열린구간들의 집합은 가산집합임을 보여라.

1.4 거리공간

n차원 실수공간 $\mathbb{R}^n$의 임의의 두 점 $\mathbf{x}=(x_1,\cdots,x_n)$, $\mathbf{y}=(y_1,\cdots,y_n)$ 사이의 거리는

$$d_E(\mathbf{x},\mathbf{y})=\sqrt{(x_1-y_1)^2+\cdots+(x_n-y_n)^2}$$

로 정의된다. 이처럼 거리를 잴 수 있는 구조를 지닌 집합을 거리공간이라 한다. 한편, $\mathbb{R}^n$은 벡터공간으로 임의의 두 벡터 $\mathbf{x}$와 $\mathbf{y}$에 대하여

$$\mathbf{x}\cdot\mathbf{y}=x_1y_1+\cdots+x_ny_n$$

로 **Euclid 내적**(inner product)이 정의되어 있다. 또

$$|\mathbf{x}|=\sqrt{\mathbf{x}\cdot\mathbf{x}}$$

라 정의하면, $\mathbf{x}$와 $\mathbf{y}$사이의 거리가

$$d_E(\mathbf{x},\mathbf{y})=|\mathbf{x}-\mathbf{y}|$$

임을 쉽게 보일 수 있다. 이 거리를 **Euclid 거리**(Euclidean distance)라 한다.

$\mathbb{R}^n$ 위의 서로 다른 세 점 $\mathbf{x}$, $\mathbf{y}$, $\mathbf{z}$은 한 평면 위에 있다. 이 세 점은 삼각형 또는 일직선을 이루므로 삼각형에서 한 변의 길이는 다른 두 변의 길이의 합보다 작다는 사실에 의하여

$$d_E(\mathbf{x},\mathbf{z})\le d_E(\mathbf{x},\mathbf{y})+d_E(\mathbf{y},\mathbf{z})$$

임을 알 수 있다. 이를 **삼각부등식**(triangle inequality)이라 하는데 다음 정리를 이용하면 유도할 수 있다.

정리 1.4.1 임의의 $\mathbf{x},\mathbf{y}\in\mathbb{R}^n$에 대하여 부등식

$$|\mathbf{x}\cdot\mathbf{y}|\le|\mathbf{x}||\mathbf{y}|$$

이 성립한다. 등호는 $\mathbf{y}=0$이거나 $\mathbf{x}+c\mathbf{y}=0$을 만족하는 c가 존재할 때 성립한다.

증명. 먼저 $\mathbf{y}=0$일 때, 정리의 부등식의 등호가 성립함은 자명하다. 따라서 $\mathbf{y}\neq 0$라 가정하자. 이제 임의의 실수 t에 대하여 $(\mathbf{x}+t\mathbf{y})\cdot(\mathbf{x}+t\mathbf{y})\ge 0$임을 주목하자. 전개하여 정리하면

$$(\mathbf{x}+t\mathbf{y})\cdot(\mathbf{x}+t\mathbf{y})=(\mathbf{y}\cdot\mathbf{y})t^2+2(\mathbf{x}\cdot\mathbf{y})t+\mathbf{x}\cdot\mathbf{x}$$

가 t에 관한 절대부등식

$$(\mathbf{y}\cdot\mathbf{y})t^2+2(\mathbf{x}\cdot\mathbf{y})t+\mathbf{x}\cdot\mathbf{x}\geq 0$$

가 성립한다. 이 절대부등식이 성립하려면 판별식이 0 이하이어야 한다. 즉,

$$(2\mathbf{x}\cdot\mathbf{y})^2-4(\mathbf{x}\cdot\mathbf{x})(\mathbf{y}\cdot\mathbf{y})\leq 0$$

이 성립한다. 정리하면

$$|\mathbf{x}\cdot\mathbf{y}|\leq|\mathbf{x}||\mathbf{y}|$$

을 얻는다. 등호가 성립할 필요충분조건은 위 절대부등식의 판별식이 0 일 때이다. 이 경우 이차방정식

$$(\mathbf{x}+t\mathbf{y})\cdot(\mathbf{x}+t\mathbf{y})=0$$

이 중근을 갖는다. 즉, $\mathbf{x}+c\mathbf{y}=0$을 만족하는 c가 존재한다. 따라서 등호가 성립할 필요충분조건은 $\mathbf{x}+c\mathbf{y}=0$을 만족하는 c가 존재하는 것이다. □

정리 1.4.1의 부등식을 **Cauchy-Schwarz** 부등식이라 한다. 다음 부등식은 Cauchy-Schwarz 부등식으로부터 다음 문제에 나오는 첫 번째 부등식인 **Minkowski** 부등식과 두 번째 부등식인 삼각부등식을 유도할 수 있다.

문제 1.4.2 임의의 $\mathbf{x},\mathbf{y},\mathbf{z}\in\mathbb{R}^n$ 에 대하여 다음 부등식이 성립함을 보여라.

(a) $|\mathbf{x}+\mathbf{y}|\leq|\mathbf{x}|+|\mathbf{y}|$

(b) $d_E(\mathbf{x},\mathbf{z})\leq d_E(\mathbf{x},\mathbf{y})+d_E(\mathbf{y},\mathbf{z})$

Euclid 거리 d_E 는 삼각부등식 외에 다음 두 가지 사실을 만족한다.

(a) $d_E(\mathbf{x},\mathbf{y})\geq 0$ 이고, 등식 $d_E(\mathbf{x},\mathbf{y})=0$은 $\mathbf{x}=\mathbf{y}$일 때만 성립한다.

(b) $d_E(\mathbf{x},\mathbf{y})=d_E(\mathbf{y},\mathbf{x})$ 이다.

앞에서 Euclid 거리 d_E 에 관하여 논의된 것을 종합하면 다음 정리를 얻을 수 있다.

정리 1.4.3 함수 $d_E:\mathbb{R}^n\times\mathbb{R}^n\to\mathbb{R}$은 다음을 만족한다.

(a) $d_E(\mathbf{x},\mathbf{y})\geq 0$ 이고, $d_E(\mathbf{x},\mathbf{y})=0$과 $\mathbf{x}=\mathbf{y}$는 서로 동치이다.

(b) $d_E(\mathbf{x},\mathbf{y})=d_E(\mathbf{y},\mathbf{x})$

(c) $d_E(\mathbf{x},\mathbf{y})\leq d_E(\mathbf{x},\mathbf{z})+d_E(\mathbf{z},\mathbf{y})$

Euclid 거리를 일반화하여 $\mathbb{R}^n$ 외의 집합에 다음과 같이 거리 개념을 도입할 수 있다.

정의 1.4.4 공집합이 아닌 집합 X에 대하여 함수 $d : X \times X \to \mathbb{R}$이

(a) $d(x,y) \geq 0$이고, $d(x,y) = 0$이 $x = y$일 필요충분조건이고,

(b) $d(x,y) = d(y,x)$,

(c) $d(x,y) \leq d(x,z) + d(z,y)$

을 만족하면 d를 X 위의 **거리함수**(metric)라 한다. 이때 (X,d)를 **거리공간**(metric space)이라 한다. 편의상 거리함수 d가 무엇인지 분명한 경우는 d를 생략하고 X를 거리공간이라 부르기로 하자.

$\mathbb{R}^n$ 위에는 Euclid 거리함수 외에 다음과 같은 거리함수가 있다.

보기 1.4.5 $\mathbf{x} = (x_1, \cdots, x_n), \mathbf{y} = (y_1, \cdots, y_n) \in \mathbb{R}^n$에 대하여

(a) $d_M(\mathbf{x},\mathbf{y}) = \max_{1 \leq i \leq n} |x_i - y_i|$

(b) $d_S(\mathbf{x},\mathbf{y}) = |x_1 - y_1| + \cdots + |x_n - y_n|$

로 정의된 함수는 거리함수이다. ◊

보기 1.4.5 에서 정의된 거리함수 d_M을 **정사각 거리함수**(square metric)라 하고 d_S를 **택시 거리함수**(taxicap metric)라 한다.

문제 1.4.6 보기 1.4.5 에서 주어진 함수가 거리함수임을 보여라.

문제 1.4.7 다음 함수가 $\mathbb{R}^2$ 위의 거리함수가 아님을 보여라.

(a) $d_1((x_1,x_2),(y_1,y_2)) = |x_1 - x_2|$,

(b) $d_2((x_1,x_2),(y_1,y_2)) = |x_1y_1 - x_2y_2|$,

(c) $d_3((x_1,x_2),(y_1,y_2)) = x_1 + x_2 - y_1 - y_2$.

보기 1.4.8 공집합이 아닌 집합 X에 대하여,

$$d(x,y) = \begin{cases} 0, & x = y \\ 1, & x \neq y \end{cases}$$

로 정의된 함수 $d : X \times X \to \mathbb{R}$는 X 위의 거리함수이다. 이 거리함수를 이산거리함수라 한다. ◇

문제 1.4.9 보기 1.4.8 에서 정의된 함수 d가 거리함수임을 보여라.

주어진 거리공간으로부터 새로운 거리공간을 만들어내는 방법 중의 하나가 곱집합을 택하는 것이다.

정리 1.4.10 (X_1, d_1)과 (X_2, d_2)를 거리공간이라 하자.

$$d((x_1,x_2),(y_1,y_2)) = \sqrt{(d_1(x_1,y_1))^2 + (d_2(x_2,y_2))^2}$$

로 정의한 함수 $d : X_1 \times X_2 \to \mathbb{R}$는 집합 $X_1 \times X_2$ 위의 거리함수이다.

문제 1.4.11 정리 1.4.10을 증명하여라.

(X,d)를 거리공간이라 하자. X의 부분집합

$$B_r(x_0) = \{x \in X \mid d(x,x_0) < r\}$$

을 중심이 x_0이고 반지름이 $r > 0$인 **열린구**(open ball)라 하고

$$\overline{B}_r(x_0) = \{x \in X \mid d(x,x_0) \leq r\}$$

을 중심이 x_0이고 반지름이 $r > 0$인 **닫힌구**(closed ball)라 한다. 또

$$S_r(x_0) = \{x \in X \mid d(x,x_0) = r\}$$

은 중심이 x_0이고 반지름이 $r > 0$인 **구면**(sphere)이라 한다. 열린구를 수직선에서 열린구간의 역할을 하도록 하여, X에서의 열린구의 합집합으로 표현되는 집합을 열린집합이라 하면 X 위의 위상을 정의할 수 있다. 즉 X 위의 모든 열린구의 모임을 기저로 하는 위상을 거리공간 위에 정의할 수 있다. 이 위상을 거리함수 d로부터 유도되는 위상이라 한다.

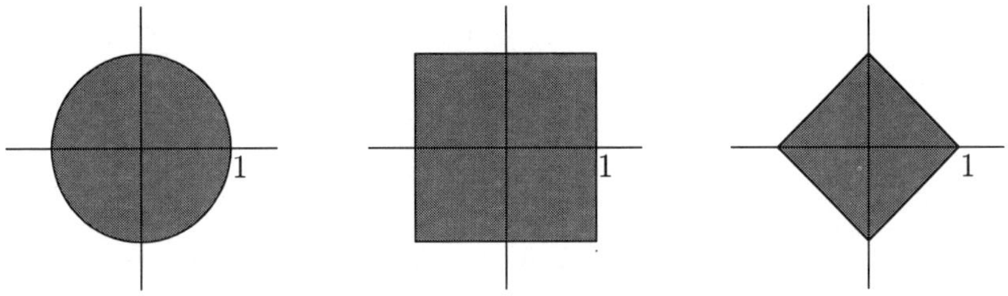

(a) d_E 단위구 (b) d_M 단위구 (c) d_S 단위구

그림 1.1 $\mathbb{R}^2$ 위의 여러형태의 단위구

문제 1.4.12 거리공간 (X,d) 위에 거리 d로부터 유도되는 위상이 주어졌을 때, 다음 두 명제는 동치임을 보여라.

(a) U가 열린집합이다.

(b) 각 $x \in U$에 대하여, $B_r(x) \subset U$인 열린구 $B_r(x)$가 존재한다.

앞으로 다른 언급이 없으면 거리공간이라 하면 거리로부터 유도되는 위상이 주어져 있는 위상공간으로 간주한다. 그러면 거리로부터 유도되는 위상이 어떤 모습인지 구체적인 예를 통하여 알아보자.

보기 1.4.13 보기 1.4.8 에서 주어진 이산거리로부터 유도되는 위상이 어떤 것인지 알아보자.

x를 X 위의 임의의 점이라 하자. 이때 열린구 $B_1(x) = \{x\}$임을 쉽게 알 수 있다. 따라서 $\{x\}$는 이산거리로부터 유도되는 위상공간에서 열린집합이다. 연습문제 1.3 에 의하면 이산거리로부터 유도되는 위상은 이산위상이다. ◇

보기 1.4.14 보기 1.4.5 의 두 거리 d_M, d_S와 Euclid 거리 d_E에 의하여 결정되는, $\mathbb{R}^2$에서 중심이 원점이고 반지름이 1 인 열린구는 그림 1.1 과 같다.

그림 1.1 에서 직관적으로 볼 수 있듯이 d_M, d_S, d_E로부터 유도되는 위상은 같은 위상이다. 이와 같이 서로 다른 거리로부터 같은 위상이 유도되기도 한다. ◇

문제 1.4.15 보기 1.4.5 의 거리 d_M에 대하여 집합

$$\{(z_1,z_2) | d_M((z_1,z_2),(0,0)) = d_M((z_1,z_2),(1,0))\}$$

을 평면 위에 나타내어라.

문제 1.4.16 보기 1.4.5 에서 주어진 $\mathbb{R}^n$ 위의 거리 d_M, d_S와 Euclid 거리 d_E에 대하여 다음을 보여라.

(a) 임의의 $\mathbf{x} \in \mathbb{R}^n$에 대하여

$$d_M(\mathbf{0},\mathbf{x}) \le d_E(\mathbf{0},\mathbf{x}) \le d_S(\mathbf{0},\mathbf{x}) \le n d_M(\mathbf{0},\mathbf{x})$$

이 성립한다.

(b) d_M, d_S, d_E에 의하여 유도되는 위상이 모두 같음을 보여라.

거리공간 (X,d) 위의 임의의 서로 다른 두 점 x와 y에 대하여 $d(x,y) = r$이라 하자. 이때 $U = \{z \in X | d(x,z) < r/2\}$와 $V = \{z \in X | d(y,z) < r/2\}$는 서로 만나지 않으며 $x \in U, y \in V$인 열린집합이다. 이런 특성을 지닌 위상공간을 Hausdorff 공간이라 한다.

정의 1.4.17 X를 위상공간이라고 하자. X 위의 임의의 서로 다른 두 점 x와 y에 대하여

$$x \in U, \quad y \in V, \quad U \cap V = \varnothing$$

인 열린집합 U와 V가 존재하면 X를 **Hausdorff 공간**이라 한다.

앞에서 설명했듯이 거리공간은 Hausdorff 공간이다. 그러나 원소의 개수가 두 개 이상인 밀착위상공간, 원소의 개수가 무한인 유한여집합위상공간은 Hausdorff 공간이 아니다.

문제 1.4.18 다음을 보여라.

(a) 원소의 개수가 두 개 이상인 밀착위상공간은 Hausdorff 공간이 아니다.

(b) 원소의 개수가 무한인 유한여집합위상공간은 Hausdorff 공간이 아니다.

주어진 위상공간에 적절한 거리함수를 정의하여 그 거리함수로부터 유도된 위상이 원래 위상과 일치하면 그 위상공간을 **거리화가 가능한 공간**(metrizable space)이라 한다. 거리화가 가능한 공간은 Hausdorff 공간이므로 원소의 개수가 두 개 이상인 밀착위상공간이나 원소의 개수가 무한인 유한여집합위상공간은 거리화가 가능한 공간이 아니다. 그러나 보기 1.4.8 에서처럼 거리함수 d를 정의하면 d로부터 유도된 위상공간이 이산공간이므로 이산공간은 거리화가 가능한 공간이다.

1.5 내부, 외부 및 경계

이 절에서는 나중에 쓰일 몇 가지 기본적인 개념을 소개한다. X를 위상공간이라 하고 A를 X의 부분집합이라 하자. 점 $x \in X$가 x를 포함하는 임의의 열린집합 U에 대하여

$$(U \setminus \{x\}) \cap A \neq \varnothing$$

를 만족하면 x를 A의 **집적점**(limit point 또는 accumulation point)이라 한다. 이 정의로부터 $(V \setminus \{x\}) \cap A = \varnothing$인 x를 포함하는 열린집합 V가 존재하면 x는 A의 집적점이 아님을 알 수 있다.

보기 1.5.1 X를 실수공간 $\mathbb{R}$이라 하자.

(a) $A = \{1/n \mid n = 1, 2, \cdots\}$, $B = A \cup \{0\}$이라 하면 0은 A, B 모두의 집적점이다. 그 이유는 다음과 같다. 0을 포함하는 임의의 열린집합 U는 적당한 양수 ε에 대하여 열린구간 $(-\varepsilon, \varepsilon)$을 포함한다. 실수의 아르키메데스의 성질에 따르면 $0 < 1/n < \varepsilon$인 자연수 n이 존재한다. 따라서 $(U \setminus \{0\}) \cap A \neq \varnothing$이고 $(U \setminus \{0\}) \cap B \neq \varnothing$이다.

이 예처럼 어떤 집합의 집적점은 그 집합에 포함되기도 하고 그렇지 않기도 하다.

(b) 정수집합 $\mathbb{Z}$의 집적점은 존재하지 않는다. 왜냐하면 점 $x \in \mathbb{R}$가 정수가 아니면 $n < x < n+1$인 정수 n을 택하여 x를 포함하는 열린집합 $(n, n+1)$이 $((n, n+1) \setminus \{x\}) \cap \mathbb{Z} = \varnothing$을 만족하고 점 x가 어떤 정수 m이면 m을 포함하는 열린집합 $(m - 1/2, m + 1/2)$가

$$((m - 1/2, m + 1/2) \setminus \{m\}) \cap \mathbb{Z} = \varnothing$$

을 만족하기 때문이다.

(c) 실수공간 $\mathbb{R}$에서 임의의 점은 그 점을 포함하는 임의의 열린구간이 유리수를 무수히 많이 포함하므로 유리수집합 $\mathbb{Q}$의 집적점이다.

◇

문제 1.5.2 X를 유한여집합위상이 주어진 실수집합 $\mathbb{R}$이라 하자. 다음을 보여라.

(a) X의 부분집합 A가 무한집합이면 X의 모든 점은 A의 집적점이다.

(b) X의 부분집합 B가 유한집합이면 B의 집적점은 존재하지 않는다.

집적점은 주어진 집합이 닫힌집합인지를 판정하는 데 유용하다.

정리 1.5.3 위상공간 X의 부분집합 A에 대한 다음 두 명제는 동치이다.

(a) A는 닫힌집합이다.

(b) A는 A의 집적점을 모두 포함한다.

증명. ((a) $\Longrightarrow$ (b)) A에 속하지 않은 점은 A의 집적점이 아님을 보이면 된다. $x \notin A$라 하자. $U = X \setminus A$라 하면 $x \in U$는 자명하다. 또 A가 닫힌집합이므로 U는 열린집합이다. 따라서 U는 $(U \setminus \{x\}) \cap A = \varnothing$인 x를 포함하는 열린집합이므로 x는 A의 집적점이 아니다.

((b) $\Longrightarrow$ (a)) $X \setminus A$가 열린집합임을 보이면 된다. $x \in X \setminus A$라 하자. 가정에 의하면 x는 A의 집적점이 아니다. 따라서 $(U \setminus \{x\}) \cap A = \varnothing$인 x를 포함하는 열린집합 U가 존재한다. $x \notin A$이므로 $U \cap A = \varnothing$이다. 즉 $U \subset X \setminus A$이다. 그러므로 $X \setminus A$는 열린집합이다. □

위상공간 X의 부분집합 A에 대하여 A의 집적점을 모두 모아놓은 집합과 A의 합집합을 A의 **폐포**(closure)라 하고 $\overline{A}$로 표시한다.

보기 1.5.4 X를 실수공간 $\mathbb{R}$이라 하자. 집합 $A = [0,1)$와 집합 $B = \mathbb{Q}$의 폐포는 각각 $\overline{A} = [0,1]$, $\overline{B} = X$이다. ◇

문제 1.5.5 위상공간 X의 부분집합 A에 대하여 다음 두 명제가 동치임을 보여라.

(a) $x \in \overline{A}$.

(b) x를 포함하는 임의의 열린집합 U에 대하여 $U \cap A \neq \varnothing$이다.

어떤 집합의 폐포는 그 집합을 포함하는 닫힌집합 중 가장 작은 것이다.

정리 1.5.6 A를 위상공간 X의 부분집합이라 하자. 이 때 A의 폐포 $\overline{A}$는 A를 포함하는 가장 작은 닫힌집합이다. 따라서 $\overline{A}$는 A를 포함하는 모든 닫힌집합의 교집합이다.

증명. $\overline{A}$가 닫힌집합임과, C가 A를 포함하는 닫힌집합이면 $\overline{A} \subset C$임을 보여야한다. 먼저 $\overline{A}$가 닫힌집합임을 보이자. $x \in X \setminus \overline{A}$라 하자. 문제 1.5.5에 의하면 $U \cap A = \varnothing$인 x를 포함하는 열린집합 U가 존재한다. $U \subset X \setminus \overline{A}$임을 보이자. U의 임

의의 원소를 y라 하면 U는 $U \cap A = \varnothing$인 y를 포함하는 열린집합이다. 문제 1.5.5 에 의하면 $y \notin \overline{A}$이다. 따라서 $U \subset X \setminus \overline{A}$이다. 이는 $X \setminus \overline{A}$가 열린집합임을 의미한다. 그러므로 $\overline{A}$가 닫힌집합이다.

이제 A를 포함하는 임의의 닫힌집합을 C라 하자. $X \setminus C$가 열린집합이므로 $X \setminus C$의 임의의 원소 x에 대하여 $x \in U \subset X \setminus C$인 열린집합 U가 존재한다. $X \setminus C \subset X \setminus A$이므로 $x \in U \subset X \setminus A$이다. 문제 1.5.5 에 의하면 $x \notin \overline{A}$이다. 따라서 $X \setminus C \subset X \setminus \overline{A}$, 즉 $\overline{A} \subset C$이다. □

다음은 앞 정리로부터 쉽게 얻을 수 있는 따름정리이다.

따름정리 1.5.7 위상공간 X의 부분집합 A에 대한 다음 명제는 동치명제이다.

(a) A가 닫힌집합이다.

(b) $A = \overline{A}$.

정의 1.5.8 A가 위상공간 X의 부분집합이라 하자. 만일 $\overline{A} = X$이면 A가 X에서 **조밀**(dense)하다고 한다.

앞에서 보였듯이 $\overline{\mathbb{Q}} = \mathbb{R}$이므로 유리수 집합 $\mathbb{Q}$는 실수공간 $\mathbb{R}$에서 조밀하다. 실수공간 $\mathbb{R}$처럼 가산집합이며 조밀한 집합을 포함하는 위상공간을 **분리가능공간**(separable space)이라 한다.

문제 1.5.9 유한여집합위상공간 X의 무한 부분집합은 X에서 조밀함을 보여라.

정의 1.5.10 A를 위상공간 X의 부분집합이라 하자.

(a) A에 포함되는 열린집합 모두의 합집합을 A의 **내부**(interior)라 한다. A의 내부를 $\mathrm{Int}(A)$ (또는 A°) 로 표시하기로 하자.

(b) $X \setminus A$의 내부를 A의 **외부**(exterior)라 한다. A의 외부를 $\mathrm{Ext}(A)$로 표시하기로 하자.

(c) $\overline{A} \cap \overline{X \setminus A}$을 A의 **경계**(frontier)라 한다. A의 경계를 $\mathrm{Fr}(A)$로 표시하기로 하자.

다음 정리는 어떤 점이 주어진 집합의 내부, 외부 또는 경계 중 어디에 속하는지를 판단하는 기준을 제공한다.

> **정리 1.5.11** 위상공간 X의 부분집합 A에 대하여 다음이 성립한다.
>
> (a) $x \in U \subset A$인 열린집합 U가 존재함은 $x \in \text{Int}(A)$일 필요충분조건이다.
>
> (b) 점 x를 포함하는 임의의 열린집합 U에 대하여 $U \cap A$와 $U \cap (X \setminus A)$가 공집합이 아님은 $x \in \text{Fr}(A)$일 필요충분조건이다.

문제 1.5.12 앞의 정리를 증명하여라.

A가 위상공간 X의 부분집합이라 하고 점 $x \in X$가 A의 내부, 외부 어디에도 속하지 않는다 하자. U를 x를 포함하는 임의의 열린집합이라 할 때 $x \notin \text{Int}(A)$이므로 $U \not\subset A$이고 또 $x \notin \text{Ext}(A)$이므로 $U \not\subset (X \setminus A)$이다. 따라서 $x \in \text{Fr}(A)$이다. 이는 X가 세 집합 $\text{Int}(A)$, $\text{Ext}(A)$, $\text{Fr}(A)$의 합집합으로 나타내어짐을 의미한다. 한편 앞의 정리를 잘 적용하면 $\text{Int}(A)$, $\text{Ext}(A)$, $\text{Fr}(A)$는 서로 만나지 않음을 알 수 있다. 지금까지 논의한 것을 정리하면 다음 정리를 얻을 수 있다.

> **정리 1.5.13** A가 위상공간 X의 부분집합일 때 X는 서로 만나지 않는 집합 $\text{Int}(A)$, $\text{Ext}(A)$, $\text{Fr}(A)$의 합집합이다.

보기 1.5.14 실수공간 $\mathbb{R}$의 부분집합 $A = [0,1)$과 $B = \mathbb{Q}$에 대하여

$$\text{Int}(A) = (0,1), \quad \text{Fr}(A) = \{0,1\}, \quad \text{Ext}(A) = (-\infty,0) \cup (1,\infty)$$
$$\text{Int}(B) = \varnothing, \quad \text{Fr}(B) = \mathbb{R}, \quad \text{Ext}(B) = \varnothing$$

이다. ◇

문제 1.5.15 Euclid 평면 $\mathbb{R}^2$의 부분집합

$$A = \{(x,y) \mid xy > 0\}$$

에 대하여 $\text{Int}(A)$, $\text{Fr}(A)$, $\text{Ext}(A)$를 구하여라.

연습문제

1. 위상공간 X의 임의의 부분집합 A,B에 대하여 다음을 보여라.

   (a) $\overline{A\cup B}=\overline{A}\cup\overline{B}$

   (b) $\overline{A\cap B}\subset\overline{A}\cap\overline{B}$

   (c) $\mathrm{Int}(A\cup B)\supset\mathrm{Int}(A)\cup\mathrm{Int}(B)$

   (d) $\mathrm{Int}(A\cap B)=\mathrm{Int}(A)\cap\mathrm{Int}(B)$

   (e) $\overline{\overline{A}}=\overline{A},\quad \mathrm{Int}(\mathrm{Int}(A))=\mathrm{Int}(A)$

   (f) $\mathrm{Fr}(A\cup B)\subset\mathrm{Fr}(A)\cup\mathrm{Fr}(B)$

   또한 (b), (c)와 (f)에서는 등식이 성립하지 않는 예를 구하여라.

2. 평면에 있는 다음 각 부분집합의 내부, 외부 그리고 경계를 구하여라.

   (a) $\mathbb{R}^2\setminus\{(x,y)\,|\,xy\neq 0\}$

   (b) $\mathbb{R}^2\setminus\{(x,\sin\frac{1}{x})\,|\,x>0\}$

   (c) $\{(x,y)\in\mathbb{R}^2\,|\,1<x^2+y^2\leq 2\}$

   (d) $\{(x,y)|x^2-y^2\leq 0\}$

3. 실수공간 $\mathbb{R}$에 있는 다음 각 부분집합의 집적점을 구하여라.

   (a) $\{\frac{\sin n}{n}\,|\,n=1,2,\cdots\}$

   (b) $\{\frac{1}{m}+\frac{1}{n}\,|\,m,n=1,2,\cdots\}$

4. 위상공간 X의 부분집합 A,B가 조건

$$\mathrm{Fr}(A)\cap\mathrm{Fr}(B)=\varnothing$$

   을 만족할 때, $\mathrm{Int}(A)\cup\mathrm{Int}(B)=\mathrm{Int}(A\cup B)$이 성립함을 보여라.

5. 임의의 제2가산공간은 항상 분리가능공간임을 보여라.

6. X 위의 거리함수 d에 대하여

$$d_1(x,y) = \frac{d(x,y)}{1+d(x,y)}$$

과 $d_2(x,y) = \min(d(x,y),1)$가 X 위의 거리함수임을 보이고 d, d_1, d_2에 의하여 생성되는 X 위의 위상이 일치함을 보여라.

7. $\mathscr{C}([0,1])$을 구간 $[0,1]$에서 정의된 실수값을 갖는 모든 연속함수의 집합이라 하자.

$$d(f,g) = \int_0^1 |f(t) - g(t)|\,dt$$

로 정의한 사상 $d : \mathscr{C}([0,1]) \times \mathscr{C}([0,1]) \to \mathbb{R}$가 거리함수임을 보여라. 또 구간 $[0,1]$에서 정의된 리만적분가능한 모든함수의 모임에서 위와 같은 식으로 정의된 함수는 거리함수가 아님을 보여라.

2

연속사상

위상수학에서는 어떤 공간에서 자르거나 찢거나 구멍 뚫지 않고 구부리고, 늘여서 얻을 수 있는 공간을 원 공간과 같은 공간으로 간주한다. 구부리거나 늘이는 작업에서 공간의 점들 사이의 거리는 달라질 수 있으나 '상대적인' 위치관계는 유지된다. 이 작업을 수학적으로 표현한 것이 연속사상이다. 따라서 연속사상이 위상수학에서 다루는 가장 기본적인 종류의 사상임은 쉽게 짐작할 수 있다. 더 나아가 연속사상은 곱공간, 부분공간, 상공간 등의 기존의 위상공간으로부터 새로운 위상공간을 만드는 방법을 설명하는데 아주 긴요하게 사용된다. 연속사상은 수학의 여러 분야에서 이용되는 기본적인 개념이다.

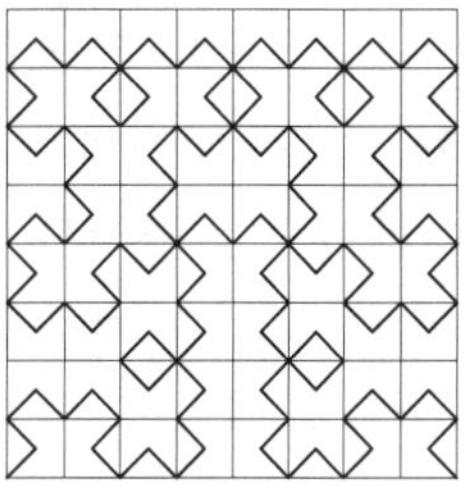

2.1 연속사상

여러분은 일변수함수 $f:\mathbb{R}\to\mathbb{R}$가

$$\lim_{x\to x_0} f(x) = f(x_0)$$

를 만족하면 f는 점 x_0에서 연속이라 했음을 기억할 것이다. 이를 좀더 엄밀하게 표현하면, 주어진 임의의 양수 ε에 대하여

$$f((x_0-\delta, x_0+\delta)) \subset (f(x_0)-\varepsilon, f(x_0)+\varepsilon)$$

를 만족하는 양수 δ가 존재한다. 이는 주어진 $f(x_0)$의 근방 V에 대하여

$$f(U) \subset V$$

인 x_0의 근방 U가 존재한다로 바꾸어 표현할 수 있을 것이다. 이 표현은 일반적인 위상공간에서 정의된 사상의 연속성을 어떻게 정의하여야 할지를 시사한다.

정의 2.1.1 X와 Y는 위상공간이고 $f : X \to Y$는 사상이라 하자. 점 $f(x_0)(\in Y)$를 포함하는 임의의 열린집합 V에 대하여 $f(U) \subset V$인 $x_0(\in X)$를 포함하는 열린집합 U가 존재하면 f가 점 x_0에서 **연속**(continuous)이라 한다.

이제 사상 $f : X \to Y$가 모든 점에서 연속이라 하자. V를 Y에서 임의의 열린집합이라 하자. f가 모든 점에서 연속이므로 $f(x) \in V$인 각 점 x에 대하여 $f(U_x) \subset V$인 x를 포함하는 열린집합 U_x가 존재한다. $U_x \subset f^{-1}(V)$이므로

$$\bigcup_{x \in X} U_x = f^{-1}(V)$$

이다. 따라서 $f^{-1}(V)$는 열린집합이다. 역으로 Y에서 임의의 열린집합 V에 대하여 $f^{-1}(V)$가 열린집합인 사상 $f : X \to Y$는 모든 점에서 연속임을 쉽게 보일 수 있다. 따라서 모든 점에서 연속인 사상을 연속사상이라 정의하는 것이 자연스러우므로 다음과 같이 연속사상을 정의한다.

정의 2.1.2 주어진 사상 $f : X \to Y$에 대하여 Y에서 임의의 열린집합 V의 역상 $f^{-1}(V)$가 X에서 열린집합이면 f를 **연속사상**이라 한다.

문제 2.1.3 $f : X \to Y$가 연속사상이면 f는 X의 모든 점에서 연속임을 보여라.

정리 2.1.4 연속사상의 합성사상은 연속사상이다.

증명. $f : X \to Y$와 $g : Y \to Z$를 연속사상이라 하자. Z에서 임의의 열린집합 U에 대하여, g가 연속사상이므로 $g^{-1}(U)$는 열린집합이다. 또 f가 연속사상이므로 $f^{-1}(g^{-1}(U))$도 열린집합이다. $(g \circ f)^{-1}(U) = f^{-1}(g^{-1}(U))$이므로 $(g \circ f)^{-1}(U)$는 열린집합이다. 따라서 $g \circ f$는 연속사상이다. □

주어진 사상이 연속사상인지 여부를 판정하는 방법은 여러 가지가 있다. 다음 정리는 그 중 몇 가지를 소개한 것이다.

정리 2.1.5 위상공간 사이의 사상 $f: X \to Y$에 대한 다음 명제는 동치이다.

(a) f는 연속사상이다.

(b) $\mathscr{B}$이 위상공간 Y의 기저일 때 각 $B \in \mathscr{B}$에 대하여 $f^{-1}(B)$는 X에서 열린집합이다.

(c) X의 임의의 부분집합 A에 대하여 $f(\overline{A}) \subset \overline{f(A)}$이다.

(d) Y의 임의의 부분집합 C에 대하여 $\overline{f^{-1}(C)} \subset f^{-1}(\overline{C})$이다.

(e) Y의 임의의 닫힌집합 C에 대하여 $f^{-1}(C)$가 닫힌집합이다.

증명. ((a) $\Longrightarrow$ (b)) 자명하다.

((b) $\Longrightarrow$ (c)) $p \in \overline{A}$라 하자. $f(p)$를 포함하는 임의의 열린집합 U에 대하여, $f(p) \in B \subset U$인 $\mathscr{B}$의 원 B가 존재한다. (b)에 의하면 $f^{-1}(B)$는 열린집합이다. 그런데 $p \in \overline{A}$이므로 $f^{-1}(B) \cap A \neq \varnothing$이다. 이는 $B \cap f(A) \neq \varnothing$임을 의미하고 $B \subset U$이므로 $U \cap f(A) \neq \varnothing$이다. 그러므로 $f(p) \in \overline{f(A)}$이다.

((c) $\Longrightarrow$ (d)) $p \in \overline{f^{-1}(C)}$라 하자. (c)에 의하면 $f(p) \in \overline{f(f^{-1}(C))}$이다. 그런데 $f(f^{-1}(C)) \subset C$이므로 $f(p) \in \overline{C}$이다. 따라서 $p \in f^{-1}(\overline{C})$이다.

((d) $\Longrightarrow$ (e)) C를 Y에서 임의의 닫힌집합이라 하자. $\overline{C} = C$이므로 (d)에 따르면 $\overline{f^{-1}(C)} \subset f^{-1}(\overline{C}) = f^{-1}(C)$이다. 따라서 $f^{-1}(C)$는 닫힌집합이다.

((e) $\Longrightarrow$ (a)) U를 Y에서 임의의 열린집합이라 하자. $Y \setminus U$가 닫힌집합이므로 (e)에 의하여 $f^{-1}(Y \setminus U)$가 닫힌집합이다. 그런데 $f^{-1}(Y \setminus U) = X \setminus f^{-1}(U)$이므로 $f^{-1}(U)$는 열린집합이다. □

모든 점에서 같은 값을 갖는 사상, 즉 치역이 한 점으로 이루어져 있는 사상을 상수사상이라 한다. $f: X \to Y$가 상수사상이라 하자. f의 치역을 $\{y_0\}$라 할 때 Y에서 임의의 열린집합을 V라 하면 $f^{-1}(V)$는 $y_0 \in V$일 경우 X 전체이고 $y_0 \notin V$이면 공집합이다. 어느 경우나 $f^{-1}(V)$가 열린집합이므로 f는 연속사상이다. 따라서 모든 상수사상은 연속사상이다.

$f(x) = x$로 정의된 사상 $f: X \to X$를 항등사상이라 한다. 항등사상이 연속사상인 것은 자명하다. 또 실수공간 $\mathbb{R}$에서 정의된 다항식도 연속임을 쉽게 보일 수 있다.

문제 2.1.6 $f(x) = 2x + 1$로 정의된 함수 $f: \mathbb{R} \to \mathbb{R}$이 연속임을 보여라.

보기 2.1.7 사상 $f,g:\mathbb{R}_l \to \mathbb{R}_l$을

$$f(x)=x+1, \quad g(x)=-x$$

로 정의하자. 이때 f는 연속사상이나 g는 연속사상이 아니다. 그 이유는 다음과 같다. $[a,b)$ 형태의 구간의 모임이 $\mathbb{R}_l$의 기저가 되므로 구간 $[a,b)$의 역상이 열린집합인지 여부를 살펴보아야 한다. $f^{-1}([a,b))=[a-1,b-1)$이고 $g^{-1}([a,b))=(-b,-a]$이므로 $f^{-1}([a,b))$는 열린집합이고 $g^{-1}([a,b))$는 열린집합이 아니다. 따라서 f는 연속사상이나 g는 연속사상이 아니다. ◇

보기 2.1.8 집합 $X=\{a,b,c\}$에 위상

$$\mathscr{T}=\{\varnothing,X,\{a\},\{a,b\},\{c\},\{a,c\}\}$$

이 주어져 있다 할 때

$$f(a)=b, \quad f(b)=c, \quad f(c)=c$$

로 정의된 사상 f는 점 a와 c에선 연속이나 점 b에선 연속이 아니다. f가 점 b에서 연속이 아닌 이유는 다음과 같다. $f(b)=c$를 포함하는 열린집합 중에는 $\{c\}$가 있는데 b를 포함하는 열린집합 $\{a,b\}, X$ 모두에 대하여

$$f(\{a,b\})=\{b,c\}\not\subseteq\{c\}, \quad f(X)=\{b,c\}\not\subseteq\{c\}$$

이므로 f는 b에서 연속이 아니다. ◇

정의 2.1.9 f와 f^{-1}가 모두 연속사상이면 전단사 함수 $f:X\to Y$를 **위상동형사상**(homeomorphism)이라 한다. 두 위상공간 X와 Y 사이에 위상동형사상이 존재하면 X와 Y가 **위상동형**(homeomorphic)이라 하고

$$X \cong Y$$

로 표시한다 .

문제 2.1.10 다음을 보여라.

(a) $X\cong X$이다.

(b) $X\cong Y$이면 $Y\cong X$이다.

(c) $X\cong Y$이고 $Y\cong Z$이면 $X\cong Z$이다.

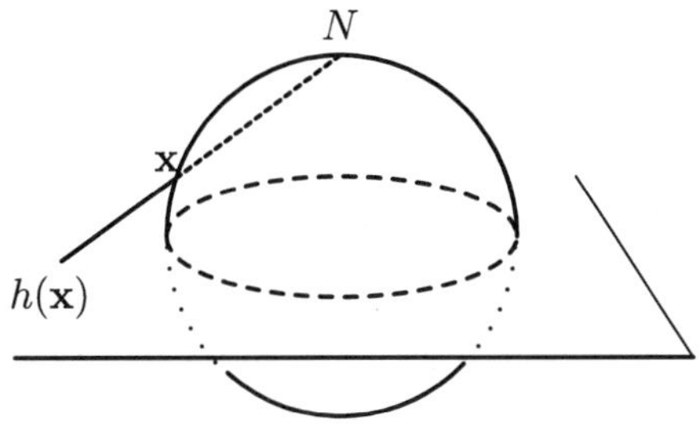

그림 2.1 입체 사영

위 문제는 ≅이 모든 위상공간으로 이루어진 집합에서 동치관계임을 의미한다.

보기 2.1.11 (a) 임의의 열린구간 (a,b)는 열린구간 $(0,1)$과 위상동형이다. 왜냐하면 $f(x) = (1-x)a + xb$로 정의된 함수

$$f : (0,1) \to (a,b)$$

가 위상동형사상이기 때문이다.

(b) $g(x) = \tan x$로 정의된 함수

$$g : (-\pi/2, \pi/2) \to \mathbb{R}$$

가 위상동형사상이므로 열린구간 $(-\pi/2, \pi/2)$이 $\mathbb{R}$과 위상동형이다. 따라서 위 문제에 따르면 임의의 열린구간은 $\mathbb{R}$과 위상동형이다. ◇

보기 2.1.12 구면 $S^2 = \{\mathbf{x} \in \mathbb{R}^3 \mid |\mathbf{x}| = 1\}$ 위의 북극점 $N = (0,0,1)$을 고려해보자. $S^2 \setminus \{N\}$의 임의의 점 $\mathbf{x}$에 대하여 $\mathbf{x}$와 N을 연결한 직선이 xy-평면 $\mathbb{R}^2$과 만나는 점을 $h(\mathbf{x})$라 하자. 이렇게 정의된 사상 $h : S^2 \setminus \{N\} \to \mathbb{R}^2$은 위상동형사상이다. 이 위상동형사상 h를 **입체 사영**(stereographic projection)이라 한다.

먼저 h를 구체적으로 표현해보자. S^2 위의 임의의 점 $\mathbf{x} = (x_1, x_2, x_3)$에 대하여 점 N과 $\mathbf{x}$를 지나는 직선 l 위의 점은 $N + t(\mathbf{x} - N)$ 형태, 즉

$$(tx_1, tx_2, 1 + t(x_3 - 1))$$

로 표시할 수 있다. 직선 l과 xy-평면 $\mathbb{R}^2$와 만나는 점에서는 세 번째 좌표가 0이므로, 이 점에서

$$t = \frac{1}{1 - x_3}$$

가 된다. 따라서

$$h(x_1,x_2,x_3) = \left(\frac{x_1}{1-x_3}, \frac{x_2}{1-x_3} \right)$$

가 된다. 분수식으로 표현된 함수는 연속함수이므로 h는 연속사상이다. 반대로 xy-평면 위의 임의의 점 $\mathbf{y}$에 대하여 $\mathbf{y}$와 N을 연결한 직선이 구면 S^2와 만나는 점을 $g(\mathbf{y})$라 하자. 이렇게 정의된 사상 $g : \mathbb{R}^2 \to S^2 \setminus \{N\}$는 h의 역사상임은 자명하다. g를 구체적으로 계산하여보자. $\mathbb{R}^2$의 임의의 점 $\mathbf{y} = (y_1, y_2)$에 대하여 점 $\mathbf{y}$와 점 N을 지나는 직선 l' 위의 점은 $N + t(\mathbf{y} - N)$ 형태, 즉

$$(ty_1, ty_2, 1-t)$$

로 표시할 수 있다. 직선 l'이 구면 S^2와 만나는 점에서

$$(ty_1)^2 + (ty_2)^2 + (1-t)^2 = 1$$

을 만족하므로, 이때

$$t = \frac{2}{y_1^2 + y_2^2 + 1}$$

이다. 따라서

$$g(y_1,y_2) = \left(\frac{2y_1}{y_1^2+y_2^2+1}, \frac{2y_2}{y_1^2+y_2^2+1}, \frac{y_1^2+y_2^2-1}{y_1^2+y_2^2+1} \right)$$

가 된다. 분수식이 연속함수이므로, g는 연속사상이다. 이제 h가 연속사상이고 그 역사상도 연속이므로 위상동형사상이다. ◇

문제 2.1.13 $S^n = \{\mathbf{x} \in \mathbb{R}^{n+1} \mid |\mathbf{x}| = 1\}$이고 $N = (0, \ldots, 0, 1)$이라 하자. $S^n \setminus \{N\}$의 임의의 점 $\mathbf{x}$에 대하여 $\mathbf{x}$와 N을 연결한 직선이 $\mathbb{R}^n$과 만나는 점을 $h(\mathbf{x})$라 하자. 여기서 $\mathbb{R}^n$은 $\mathbb{R}^{n+1}$의 점 중 $n+1$ 번째 좌표가 0인 점들의 집합으로 간주한다. 이렇게 정의된 사상 $h : S^n \setminus \{N\} \to \mathbb{R}^n$은 위상동형사상임을 보여라. 이는 보기 2.1.12를 일반적인 n차원으로 확장한 것이다.

2.2 부분공간

주어진 위상공간으로부터 새로운 위상공간을 만드는 방법 중 하나가 주어진 위상공간의 부분집합을 위상공간으로 만드는 것인데, 부분집합에 주어질 위상이 전체공간의 위상과 잘 조화를 이루어야 할 것이다.

정의 2.2.1 Y를 위상공간 X의 부분집합이라 하자. 이때 집합

$$\mathscr{T} = \{Y \cap U \mid U\text{는 } X\text{의 열린부분집합}\}$$

은 Y 위의 위상이 된다. 이때 이 위상을 **부분위상**(subspace topology) 또는 **상대위상**(relative topology)이라 한다. 또 위상공간 $(Y, \mathscr{T})$를 X의 **부분공간**(subspace)이라 한다. $\mathscr{T}$의 원소를 Y에서 열린집합이라 한다.

문제 2.2.2 위 정의의 $\mathscr{T}$가 위상임을 보여라.

위의 정의에 따르면 Y가 X의 부분공간이면, 임의의 Y에서 열린집합 O에 대하여 $O = Y \cap U$인 X에서 열린집합 U가 존재하여야 하고, 역으로 U가 X에서 열린집합이면 $Y \cap U$는 Y에서 열린집합이다.

보기 2.2.3 $Y = [0,1) \cup \{2\}$를 $X = \mathbb{R}$의 부분공간이라 하자. 이때 $[0,1) = Y \cap (-1,1)$이고 $(-1,1)$이 X에서 열린집합이므로 $[0,1)$은 Y에서 열린집합이다. 또 $\{2\} = Y \cap (1,3)$이고 $(1,3)$이 X에서 열린집합이므로 $\{2\}$도 Y에서 열린집합이다. 한편 $\{2\}$가 Y에서 열린집합이므로 $Y \setminus \{2\}$인 집합 $[0,1)$은 닫힌집합이다. 마찬가지 이유로 집합 $\{2\}$도 Y에서 닫힌집합이다. ♢

문제 2.2.4 실수공간 $\mathbb{R}$의 부분공간으로서 정수집합 $\mathbb{Z}$는 이산공간임을 보여라.

문제 2.2.5 Y가 X의 부분공간일 때 다음이 성립함을 보여라.

(a) $\mathscr{B}$가 X의 기저일 때 $\{B \cap Y | B \in \mathscr{B}\}$가 Y의 기저가 된다.

(b) O가 Y에서 열린집합이고 Y가 X에서 열린집합이면 O가 X에서 열린집합이다.

(c) Y의 부분집합 A에 대하여 $A = C \cap Y$인 X에서 닫힌집합 C가 존재하는 것은 A가 Y에서 닫힌집합일 필요충분조건이다.

(d) A가 Y에서 닫힌집합이고 Y가 X에서 닫힌집합이면 A가 X에서 닫힌집합이다.

$A \subset B$일 때 $i(x) = x$로 정의되는 사상 $i : A \to B$를 **포함사상**(inclusion map)이라 한다. Y가 X의 부분공간일 때, 포함사상 $i : Y \to X$는 연속사상이다. 왜냐하면 X에서 열린집합 U에 대하여 $i^{-1}(U) = Y \cap U$가 Y에서 열린집합이기 때문이다. 또한 Y에 다른 위상 $\mathscr{S}$가 주어져 있을때, 포함사상 $i : Y \to X$가 연속이면 X에서 임의의 열린집합 U에 대하여 $i^{-1}(U) = Y \cap U$가 $\mathscr{S}$의 원이 되어야 하므로 Y에 정의된 부분위상 $\mathscr{T}$는 $\mathscr{S}$에 포함된다. 따라서 부분위상은 포함사상이 연속이 되게 하는 Y 위의 위상 중 가장 작은 것이다.

때때로 부분공간에서 정의된 연속사상을 합하여 전체공간에서 정의된 연속사상을 얻을 수 있다. 다음 두 정리는 부분적으로 정의된 연속사상으로부터 전체공간에서 정의된 연속사상을 얻는 두 가지 방법을 알려준다.

정리 2.2.6 $X = \cup_{\alpha\in\Lambda} U_\alpha$ 이고 각 U_α가 X에서 열린집합이라 하자. 각 $\alpha \in \Lambda$에 대하여 연속사상 $f_\alpha : U_\alpha \to Y$가 주어져 있고 다음을 만족한다.

$$x \in U_\alpha \cap U_\beta \text{ 이면 } \quad f_\alpha(x) = f_\beta(x) \text{ 이다.}$$

이때 각 $x \in X$에 대하여 x를 포함하는 U_α를 택하여 $f(x) = f_\alpha(x)$로 사상 $f : X \to Y$를 정의하면 f는 연속사상이다.

문제 2.2.7 위 정리를 증명하여라.

정리 2.2.8 A와 B가 위상공간 X에서 닫힌집합으로 $X = A \cup B$이라 하자. $f : A \to Y$와 $g : B \to Y$는 모든 $x \in A \cap B$에 대하여 $f(x) = g(x)$인 연속사상이라면

$$h(x) = \begin{cases} f(x), & x \in A \\ g(x), & x \in B \end{cases}$$

로 정의한 사상 $h : X \to Y$는 연속사상이다.

증명. C를 Y에서 임의의 닫힌집합이라 하자. f가 연속이므로 $f^{-1}(C)$가 A에서 연속이다. A가 X에서 닫힌집합이므로 $f^{-1}(C)$도 X에서 닫힌집합이다. 마찬가지로 하면 $g^{-1}(B)$가 X에서 닫힌집합이다. 이제 $h^{-1}(C) = f^{-1}(C) \cup g^{-1}(C)$이므로 $h^{-1}(C)$가 닫힌집합이다. □

위 정리를 **붙임보조정리**(pasting lemma)라 한다.

보기 2.2.9

$$h(x) = \begin{cases} x+1, & x \le 0 \\ -x+1, & x \ge 0 \end{cases}$$

로 정의한 함수는 연속이다. 그 이유는 다음과 같다. $f(x) = x+1$로 정의된 함수 $f : (-\infty, 0] \to \mathbb{R}$와 $g(x) = -x+1$로 정의된 함수 $g : [0, \infty) \to \mathbb{R}$은 다항식으로 모두 연

속이다. 이제 $\mathbb{R} = (\infty, 0] \cup [0, \infty)$ 이고 집합 $(-\infty, 0]$ 와 $[0, \infty)$ 는 모두 $\mathbb{R}$ 에서 닫힌집합이고 두 집합의 교집합의 유일한 원소인 0에서 f와 g의 값은 1로 일치한다. 따라서 붙임보조정리에 의하여 h가 연속이다. $\diamond$

닫힌 단위원판 $D^2 = \{(x,y) \in \mathbb{R}^2 \mid x^2 + y^2 \leq 1\}$과 위상동형인 공간은 모두 원판(disc)이라 한다. 공간 A가 원판이라 하면 위상동형사상 $h : A \to D^2$가 존재한다. D^2의 경계인 $S^1 = \{(x,y) \in \mathbb{R}^2 \mid x^2 + y^2 = 1\}$의 역상 $h^{-1}(S^1)$을 A의 **경계**(boundary)라 하고 ∂A로 표시한다. 나중 단원에서 배우는 기본군이라는 개념을 이용하면 A의 경계는 위상동형사상 h의 선택과는 무관하게 결정됨을 보일 수 있다. 여기서의 경계는 정의 1.5.10에서 정의된 경계와는 다른 의미이다. 자세한 정의는 5.2 절을 보면 된다.

> **보조정리 2.2.10** 한 원판의 경계에서 자기자신으로의 위상동형사상은 원판 전체에서의 위상동형사상으로 확장될 수 있다.

증명. A를 주어진 원판이라 하고 $h : A \to D^2$를 위상동형사상이라 하자. $g : \partial A \to \partial A$를 주어진 위상동형사상이라 하면 $h \circ g \circ h^{-1}$는 S^1 에서 S^1 으로의 위상동형사상이다. 이제

$$f(x) = \begin{cases} |x| \, h \circ g \circ h^{-1}(\frac{x}{|x|}), & x \neq (0,0) \\ (0,0), & x = (0,0) \end{cases}$$

로 사상 $f : D^2 \to D^2$를 정의하도록 하자. f는 위상동형사상으로 $x \in S^1$ 에 대하여 $f(x) = h \circ g \circ h^{-1}(x)$를 만족한다. 따라서 $h^{-1} \circ f \circ h$가 우리가 원하는 위상동형사상이다. $\square$

문제 2.2.11 보조정리 2.2.10의 증명에서 f가 위상동형사상임을 보여라.

> **정리 2.2.12** A와 B가 원판으로 $A \cap B$가 각각의 경계의 일부인 호(arc)라 하면 $A \cup B$는 원판이다.

증명. $\gamma = A \cap B$라 하면

$$\partial A = \gamma \cup \alpha, \quad \partial B = \gamma \cup \beta$$

를 만족하고 호 γ와 각각 양 끝점에서 만나는 호 α와 β가 존재한다. 이제 $\alpha' = \{(x,y) \mid x^2+y^2=1, x \leq 0\}$, $\beta' = \{(x,y) \mid x^2+y^2=1, x \geq 0\}$, $\gamma' = \{(x,y) \mid x = 0, -1 \leq y \leq 1\}$이라 하면 $\alpha, \alpha', \beta, \beta', \gamma, \gamma'$이 모두 호이므로 α, β와 γ에서 각각 α', β'과 γ'으로의 위상동형사상이 있다. 따라서 붙임보조정리를 이용하면 위상동형사상 $h_1 : \partial A \to (\alpha' \cup \gamma')$을 얻는다. 보조정리 2.2.10를 이용하면 h_1을 확장하여 위상동형사상 $f_1 : A \to D_1$을 얻는다.

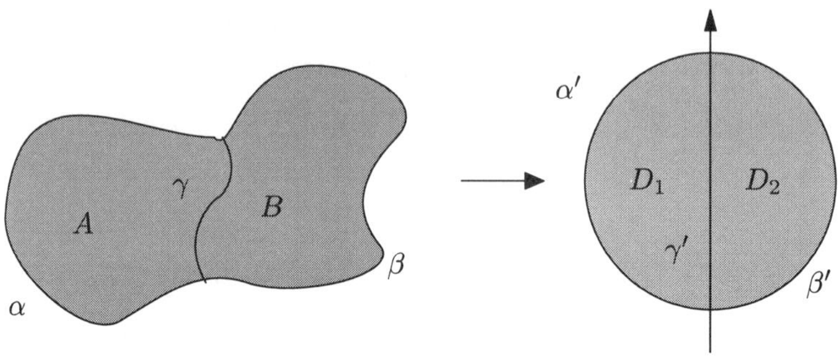

그림 2.2 원판의 합집합

여기서 $D_1 = \{(x,y) \mid x^2+y^2 \leq 1, x \leq 0\}$이다. 비슷하게 하면 $D_2 = \{(x,y) \mid x^2+y^2 \leq 1, x \geq 0\}$이라 할 때 위상동형사상 $f_2 : B \to D_2$를 얻는다(그림 2.2 참조). f_1과 f_2의 정의로부터 임의의 $x \in A \cap B$에 대하여 $f_1(x) = f_2(x)$임을 알 수 있다. 다시 한번 붙임보조정리를 쓰면 $A \cup B$에서 $D_1 \cup D_2$로의 위상동형사상을 얻는다. 그런데 $D_1 \cup D_2$는 D^2이므로 $A \cup B$는 원판이다. □

$f : X \to Y$가 연속이고 단사사상이라 하자. 만약 $f(X)$를 Y의 부분공간으로 간주했을 때, $f : X \to f(X)$가 위상동형사상이면 f를 **겹침없이 집어넣기**(embedding)라 한다. A가 X의 부분공간일 때, 포함함수 $i : A \to X$는 겹침없이 집어넣기이다.

2.3 곱공간

앞 절에 이어 주어진 위상공간으로 부터 새로운 위상공간을 만드는 방법을 하나 더 소개하기로 하자. 앞 절의 부분공간은 주어진 위상공간의 부분집합을 위상공간으로 만들었는데 이 절에서는 주어진 위상공간의 곱집합을 위상공간으로 만드는 방법에 대하여 논의하고자 한다. X와 Y를 위상공간이라 하자. X와 Y의 곱집합(cartesian product)은

$$X \times Y = \{(x,y) \mid x \in X \text{이고 } y \in Y\}$$

로 정의된다. $X \times Y$의 부분집합의 모임

$$\mathscr{B} = \{U \times V \mid U\text{와 } V\text{는 각각 } X\text{와 } Y\text{에서 열린집합}\}$$

는 $X \times Y$ 위의 어떤 위상에 대한 기저임을 보일 수 있다(정리 1.3.5을 참조할 것). $\mathscr{B}$을 기저로 갖는 위상을 $X \times Y$ 위의 **곱위상**(product topology)이라 한다. 곱위상이 주어진 곱집합 $X \times Y$를 X와 Y의 **곱공간**(product space)이라 한다. 별다른 언급이 없을 때는 $X \times Y$에는 곱위상이 주어진 것으로 간주한다. O를 $X \times Y$의 부분집합이라 하자. 곱위상의 정의로부터 임의의 $(a,b) \in O$에 대하여 $(a,b) \in U \times V \subset O$인 열린집합 U와 V가 존재하면 O가 $X \times Y$에서 열린집합임을 보일 수 있고, 그 역도 보일 수 있다.

문제 2.3.1 $X \times Y$의 부분집합의 모임

$$\mathscr{B} = \{U \times V \mid U\text{와 } V\text{는 각각 } X\text{와 } Y\text{에서 열린집합}\}$$

는 $X \times Y$ 위의 어떤 위상에 대한 기저임을 보여라.

정의 2.3.2 사상 $f: X \to Y$를 고려하자.

(a) X의 임의의 열린집합 O에 대하여, $f(O)$가 Y에서 열린집합이면 f를 **열린사상**(open map)이라 한다.

(b) X의 임의의 닫힌집합 C에 대하여, $f(C)$가 Y에서 닫힌집합이면 f를 **닫힌사상**(closed map)이라 한다.

$p_1(x,y) = x$와 $p_2(x,y) = y$로 정의된 사상 $p_1 : X \times Y \to X$, $p_2 : X \times Y \to Y$를 **사영사상**(projection map)이라 한다. 다음 정리에서 알 수 있듯이 곱위상은 p_1과 p_2가 연속이 되게 하는 $X \times Y$ 위의 위상 중 가장 작은 것이다.

정리 2.3.3 곱공간 $X \times Y$에 정의된 사영사상은 모두 연속사상이고 열린사상이다. 또 곱위상은 p_1과 p_2가 연속이 되게 하는 $X \times Y$ 위의 위상 중 가장 작은 위상이다.

증명. X의 임의의 열린집합 U에 대하여 $p_1^{-1}(U) = U \times Y$는 $X \times Y$에서 열린집합이므로 p_1은 연속사상이다. 마찬가지로 하면 p_2도 연속사상이다.

O를 곱공간 $X \times Y$에서 열린집합이라 하면

$$O = \cup_\lambda U_\lambda \times V_\lambda$$

인 X에서 열린집합 U_λ 들과 Y에서 열린집합 V_λ 들이 있다. $p_1(U_\lambda \times V_\lambda) = U_\lambda$ 이므로 $p_1(O) = \cup_\lambda U_\lambda$ 이고, 이는 열린집합이다. 따라서 p_1은 열린사상이다. 마찬가지로 하면 p_2도 열린사상이다.

끝으로 $\mathscr{T}$를 p_1과 p_2가 연속이 되게 하는 곱집합 $X \times Y$ 위의 위상이라 하면 $\mathscr{T}$가 곱위상을 포함함을 보여야 한다. U와 V를 각각 X와 Y에서 임의의 열린집합이라 하자. $\mathscr{T}$가 p_1과 p_2가 연속이 되는 위상이므로 $p_1^{-1}(U)$와 $p_2^{-1}(V)$는 모두 $\mathscr{T}$의 원소이다. 이제 $U \times V = p^{-1}(U) \cap p^{-1}(V)$ 이므로 $U \times V \in \mathscr{T}$ 이다. 따라서 $\mathscr{T}$는 곱위상을 포함한다. □

문제 2.3.4 닫힌사상이 아닌 사영사상의 예를 들어라.

> 정리 2.3.5 위상공간 X, Y, Z에 대한 다음 두 명제는 동치이다.
>
> (a) 사상 $f : Z \to X \times Y$가 연속이다.
>
> (b) 합성사상 $p_1 \circ f : Z \to X$와 $p_2 \circ f : Z \to Y$가 연속사상이다.

증명. ((a) $\Longrightarrow$ (b)) 연속사상의 합성사상은 연속이므로 자명하다.

((b) $\Longrightarrow$ (a)) U와 V가 각각 X와 Y에서 임의의 열린집합일 때 $f^{-1}(U \times V)$가 Z에서 열린집합임을 보이면 충분하다.

$$f^{-1}(U \times V) = f^{-1}(p_1^{-1}(U) \cap p_2^{-1}(V)) = (p_1 \circ f)^{-1}(U) \cap (p_2 \circ f)^{-1}(V)$$

이다. 또 가정에 의하여 $(p_1 \circ f)^{-1}(U)$와 $(p_2 \circ f)^{-1}(V)$가 Z에서 열린집합이므로 $f^{-1}(U \times V)$는 Z에서 열린집합이다. □

어떤 위상공간이 가지는 위상적인 성질은 곱공간을 취하여도 변하지 않는데 그 중 하나가 Hausdorff 성질이다.

문제 2.3.6 위상공간 X와 Y에 관한 다음 두 명제가 동치임을 보여라.

(a) $X \times Y$가 Hausdorff 공간이다.

(b) X와 Y가 모두 Hausdorff 공간이다.

곱공간을 이용하면 다음과 같이 Hausdorff 공간을 특성지을 수 있다.

정리 2.3.7 위상공간 X에 대한 다음 두 명제는 동치이다.

(a) X가 Hausdorff 공간이다.

(b) $X \times X$의 대각선

$$\triangle(X) := \{(x,x) | x \in X\}$$

이 $X \times X$에서 닫힌집합이다.

증명. 먼저 $U \cap V = \varnothing$이 $U \times V \subset (X \times X \setminus \triangle(X))$와 동치임을 주목하자.

((a) $\Longrightarrow$ (b)) $X \times X \setminus \triangle(X)$가 열린집합임을 보이면 충분하다. $(x,y) \in (X \times X \setminus \triangle(X))$이라 하면, $x \neq y$이므로 조건 (a)에 의하여

$$x \in U, \quad y \in V, \quad U \cap V = \varnothing$$

인 열린집합 U와 V가 있다. $U \cap V = \varnothing$이므로

$$(x,y) \in U \times V \subset (X \times X \setminus \triangle(X))$$

이다. 따라서 $X \times X \setminus \triangle(X)$가 열린집합이다.

((b) $\Longrightarrow$ (a)) x와 y가 X 위의 서로 다른 두 점이라 하자. $(x,y) \in (X \times X \setminus \triangle(X))$이므로 조건 (b)에 의하면

$$(x,y) \in U \times V \subset (X \times X \setminus \triangle(X))$$

인 X에서 열린집합 U와 V가 존재한다. 이는

$$x \in U, \quad y \in V, \quad U \cap V = \varnothing$$

을 의미하므로 X는 Hausdorff 공간이다. □

문제 2.3.8 $f:\mathbb{R}\to\mathbb{R}$와 $g:\mathbb{R}\to\mathbb{R}$가 연속사상일 때 다음을 보여라.

(a) 집합 $\{x\in\mathbb{R}\mid f(x)=g(x)\}$가 $\mathbb{R}$에서 닫힌집합이다.

(b) 집합 $\{x\in\mathbb{R}\mid f(x)\le g(x)\}$가 $\mathbb{R}$에서 닫힌집합이다.

(c) $h(x)=\min\{f(x),g(x)\}$로 정의한 함수 $h:\mathbb{R}\to\mathbb{R}$은 연속사상이다.

두 거리공간 (X,d_1)과 (Y,d_2)의 곱집합에 거리함수를 정리 1.4.10 에서처럼 정의하면 $X\times Y$는 거리공간이 된다. 이 거리공간과 곱공간 $X\times Y$사이에는 어떤 관계가 있을까? 결론부터 말하자면 이들은 서로 위상동형이다. 그 이유는 다음과 같다. $B_r(x_0)\times B_s(y_o)$ 형태의 곱집합의 모임이 곱공간 $X\times Y$의 기저가 됨을 쉽게 알 수 있는데, 이런 형태의 집합은 정리 1.4.10 에서 정의된 거리공간에서 열린집합임을 쉽게 보일 수 있고, 역으로 정리 1.4.10 에서 정의된 거리공간의 열린구는 $B_r(x_0)\times B_s(y_0)$ 형태의 집합의 합으로 표시할 수 있음을 쉽게 보일 수 있다. 따라서 두 공간은 같은 위상을 지닌다.

거리공간 (X,d)의 곱공간 $X\times X$에서 $B_r(x_0)\times B_s(y_0)$ 형태의 모임을 기저로 갖는다는 것을 이용하면 거리함수 $d:X\times X\to\mathbb{R}$가 연속사상임을 쉽게 보일 수 있다.

> 정리 2.3.9 거리공간 (X,d)에 대하여, 거리함수 $d:X\times X\to\mathbb{R}$는 연속사상이다.

증명. 거리함수 d가 $X\times X$의 임의의 점 (x_0,y_0)에서 연속임을 보이면 충분하다. 이를 위해 임의의 양수 ε에 대하여 (x_0,y_0)를 포함하는 열린집합

$$B_{\varepsilon/2}\times B_{\varepsilon/2}$$

의 임의의 점 (x,y)에 대하여 $|d(x,y)-d(x_0,y_0)|<\varepsilon$임을 보이면 된다. 그런데 $d(x,x_0)<\varepsilon/2$, $d(y,y_0)<\varepsilon/2$이 성립하므로

$$d(x,y)\le d(x,x_0)+d(x_0,y_0)+d(y_0,y)<d(x_0,y_0)+\varepsilon$$

이다. x,y와 x_0,y_0의 역할을 바꾸면

$$d(x_0,y_0)\le d(x_0,x)+d(x,y)+d(y,y_0)<d(x,y)+\varepsilon$$

이 성립함을 알 수 있다. 그러므로

$$|d(x,y)-d(x_0,y_0)|<\varepsilon$$

이 성립한다. □

문제 2.3.10 실수집합 $\mathbb{R}$ 위의 이항연산 $+$, $-$, $\times$, $\div$은 $\mathbb{R}\times\mathbb{R}$($\div$ 경우엔 $\mathbb{R}\times(\mathbb{R}\setminus\{0\})$)에서 $\mathbb{R}$로의 연속사상임을 보여라.

연습문제

1. $\mathscr{T}_1$,과 $\mathscr{T}_2$를 X 위의 위상이라 하자. 다음을 증명하라.

   (a) 항등사상 $Id:(X,\mathscr{T}_1)\to(X,\mathscr{T}_2)$가 연속일 필요충분조건이 $\mathscr{T}_2\subset\mathscr{T}_1$이다.

   (b) 항등사상 $Id:(X,\mathscr{T}_1)\to(X,\mathscr{T}_2)$가 위상동형사상이기 위한 필요충분조건은 $\mathscr{T}_1=\mathscr{T}_2$이다.

2. 위상공간 X와 부분집합 A에 대하여 함수 $\chi:X\to\mathbb{R}$을 다음과 같이 정의하자.

$$\chi(x)=\begin{cases}1, & x\in A\\ 0, & x\notin A\end{cases}$$

   함수 χ가 불연속이 되는 점을 모두 구하여라.

3. 함수 $h(x)=e^x/(1+e^x)$가 $\mathbb{R}$에서 구간 $(0,1)$로의 위상동형사상임을 보여라.

4. 사상 $f:\mathbb{R}\to\mathbb{R}$에 대하여 f의 그래프 $\Gamma_f:\mathbb{R}\to\mathbb{R}^2$는 $\Gamma_f(x)=(x,f(x))$로 정의된다. 만약 $f:\mathbb{R}\to\mathbb{R}$가 연속이면, Γ_f도 연속이고 $\mathbb{R}^2$의 부분공간으로써 Γ_f의 상이 $\mathbb{R}$과 위상동형임을 보여라.

5. X는 공집합이 아닌 집합이다. X 위에 정의된 실수값 함수가 모두 연속이 되려면 X 위엔 어떤 위상이 주어져 있을까?

6. 각 자연수 n에 대하여 위상공간 X의 부분공간 A_n이 주어져서, $A_n\subset\operatorname{Int}(A_{n+1})$을 만족한다. $X=\cup_{n=1}^{\infty}A_n$일 때, 각 $f|_{A_n}:A_n\to Y$이 모두 연속이 되는 사상 $f:X\to Y$가 연속사상임을 보여라.

7. Hausdorff 공간의 부분공간이 Hausdorff 공간임을 보여라.

8. 곱공간 $X\times Y$의 부분집합 $A\times B$에 대하여 다음을 보여라.

   (a) $\overline{A\times B}=\overline{A}\times\overline{B}$

(b) $\text{Int}(A \times B) = \text{Int}(A) \times \text{Int}(B)$

(c) $\text{Fr}(A \times B) = (\text{Fr}(A) \times \overline{B}) \cup (\overline{A} \times \text{Fr}(B))$

9. X와 Y가 제2가산공간(second countable space)이면 $X \times Y$도 제2가산공간임을 보여라.

10. X와 Y가 분리가능공간(separable space)이면 $X \times Y$도 분리가능공간임을 보여라.

11. $[0,1) \times [0,1)$과 $[0,1] \times [0,1)$이 위상동형임을 보여라.

12. $x_0 \in X$이고 $y_0 \in Y$라고 하자. $f(x) = (x, y_0)$, $g(y) = (x_0, y)$로 정의한 사상 $f : X \to X \times Y$와 $g : Y \to X \times Y$가 모두 겹침없이 집어넣기(embedding)임을 보여라.

13. Y는 위상공간 X의 부분공간이고, A는 위상공간 Y의 부분집합일때 다음을 보여라.

    (a) 공간 Y의 부분집합으로서 A의 폐포 $\overline{A_Y}$는 공간 X의 부분집합으로서 A의 폐포 $\overline{A_X}$와 Y의 교집합과 같다.

    (b) 공간 X의 부분집합으로서 A의 내부 $\text{Int}(A_X)$는 공간 Y의 부분집합으로서 A의 내부 $\text{Int}(A_Y)$에 포함된다.

14. 위상공간 X의 조밀한 부분집합 A와 Hausdorff 공간 Y를 고려하자. 연속사상 $f, g : X \to Y$가

$$f|_A = g|_A$$

를 만족할 때, $f = g$임을 보여라.

3 옹골공간

수직선 $\mathbb{R}$에서 닫힌구간 $[a,b]$에서 정의된 연속함수는 최대값과 최소값을 갖는다. 닫힌구간 $[a,b]$의 어떤 특성이 연속함수가 최대값, 최소값을 갖게하는걸까? 이 물음에 대한 발견된 첫 번째 답은 $[a,b]$의 모든 무한부분집합이 집적점을 갖기 때문이라는 것이었다. 이와 동치인 닫힌구간이 축소구간 성질(nested interval property)을 갖는다는 사실을 일반화하면 현재의 옹골성(compactness)의 정의를 얻게 된다. 닫힌구간 $[a,b]$와 열린구간 (a,b)가 위상공간으로서 어떻게 다를까? 이 물음에 답할 수 있게 해주는 도구 중의 하나가 옹골성이다. 옹골성은 위상공간을 구별짓는 아주 중요한 수단 중의 하나이다.

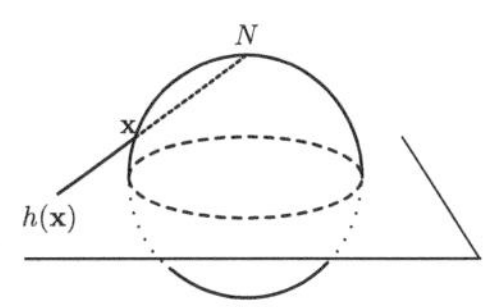

3.1 옹골공간

A가 실수집합 $\mathbb{R}$의 부분집합이라 하자. 어떤 실수 M이 A의 원으로 A의 임의의 원 a에 대하여 $a \leq M$이면 M을 A의 최대원(greatest element)이라 한다. 또 어떤 실수 m이 A의 원으로 A의 임의의 원 a에 대하여 $m \leq a$이면 m을 A의 최소원(smallest element)이라 한다. 한편 어떤 실수 u가 A의 임의의 원 a에 대하여 $a \leq u$이면 u를 A의 상계(upper bound)라 한다. A의 상계들을 모두 모아놓은 집합은 항상 최소원을 갖는데 이를 A의 최소상계(least upper bound, 또는 supremum)라 한다. 어떤 실수 l이 A의 임의의 원 $a \in A$에 대하여 $l \leq a$이면 l을 A의 하계(lower bound)라 한다. A의 하계를 모두 모아놓은 집합은 항상 최대원을 갖는데 이를 A의 최대하계(greatest lower bound, 또는 infimum)라 한다. A의 최소상계 s가 A에 속하면 s가 A의 최대원이 됨은 자명하다. 마찬가지로 A의 최대하계 t가 A에 속하면 t가 A의 최소원이 된다.

열린구간 $(0,1)$ 또는 $(0,\infty)$ 처럼 최대원, 최소원 어느쪽도 갖지 않은 집합이 있는가 하면, $[0,1)$처럼 최대원 또는 최소원 중 어느 한 쪽만 갖거나, $[0,1]$처럼 최대원, 최소원을 모두 갖는 집합도 있다. 이 중 최대원, 최소원을 모두 가지는 집합은 어떤 조건을 만족해야 할까? 최대원, 최소원을 모두 갖는 집합은 유계인 집합이 분명하다. 그럼 유계인 집합은 항상 최대원, 최소원을 모두 가질까? 열린구간 $(0,1)$의 예에서 알 수 있듯이 유계인 집합 중에도 최대원, 최소원을 갖지 않는 집합이 있다. 유계인 집합은 항상 최소상계, 최대하계를 갖는다. 주어진 집합이 최소상계와 최대하계를 포함하면 최소상계가 최대원이고 최대하계가 최소원이 된다. 따라서 유계인 집합이 최대원, 최소원을 가지려면 최소상계와 최대하계를 포함해야 한다. 최소상계와 최대하계는 주어진 집합의 폐포에 속하므로, 만약 주어진 유계인 집합이 자신의 모든 집적점을 포함하면 그 집합은 최대원, 최소원을 모두 갖게 될 것이다. 자신의 집적점을 모두 포함하는 집합은 닫힌집합이므로 유계이고 닫힌집합은 항상 최대원, 최소원을 가진다. 참고로 집합 $[0,1)\cup(2,3]$의 예에서 볼 수 있듯이 그 역이 항상 성립하는 것은 아니다. 실수공간 $\mathbb{R}$에서 유계이고 닫힌집합은 최대원, 최소원을 가지는 것을 비롯하여 여러가지 유용한 성질을 지닌다.

실수 공간 $\mathbb{R}$의 대표적인 유계이고 닫힌집합은 닫힌구간이다. 닫힌구간의 중요한 특성 중의 하나가 **축소구간**(nested interval) 정리가 성립한다는 것이다.

정리 3.1.1 닫힌구간의 모임 $\{I_n \mid n \in \mathbb{N}\}$이 다음을 만족한다고 하자.

$$I_1 \supset I_2 \supset \cdots I_n \supset I_{n+1} \supset \cdots$$

그러면

$$\cap_{n=1}^{\infty} I_n \neq \varnothing$$

이 성립한다.

증명. $I_n = [a_n, b_n]$이라 놓으면 수열 $\{a_n\}$은 단조증가수열로 모든 b_n이 상계인 위로 유계인 수열이다. 실수의 완비성에 의하여 수열 $\{a_n\}$은 수렴한다. 그 극한을 a라 하자. 그러면 모든 n에 대하여 $a \leq b_n$이 성립한다. 한편 수열 $\{b_n\}$은 단조감소수열로 모든 a_n이 하계인 아래로 유계인 수열이다. 실수의 완비성에 의하여 수열 $\{b_n\}$은 수렴한다. 그 수렴값을 b라 하면 모든 n에 대하여 $a_n \leq b$가 성립한다. $a_n \leq b_n$이므

로

$$a = \lim a_n \leq \lim b_n = b$$

이 성립한다. 이제 $I = [a,b]$ 라 하면

$$I \subset \cap_{n=1}^{\infty} I_n$$

이 되므로

$$\cap_{n=1}^{\infty} I_n \neq \varnothing$$

이 성립한다. □

정리 3.1.1 에서 닫힌구간의 모임 $\{I_n\}$ 에 대한 조건

$$I_1 \supset I_2 \supset \cdots I_n \supset I_{n+1} \supset \cdots$$

을 만족하는 대신 조금 약한 조건인 유한개의 I_n 으로 이루어진 $\{I_n\}$ 의 어떤 부분집합 $\{I_{n_1}, \ldots, I_{n_k}\}$ 에 대해서도 그 교집합 $\cap_{j=1}^{k} I_{n_j}$ 가 공집합이 아니라는 조건을 만족하면 여전히 같은 결론을 얻을 수 있음을 보일 수 있는데, 이를 일반화하면 다음과 같은 정리를 얻는다.

정리 3.1.2 위상공간 $X = [a,b]$ 의 닫힌 부분집합의 모임 $\{C_\lambda \mid \lambda \in \Lambda\}$ 에 대하여

$$\cap_\lambda C_\lambda = \varnothing$$

이면

$$C_1 \cap \cdots \cap C_k = \varnothing$$

을 만족하는 $\{C_\lambda \mid \lambda \in \Lambda\}$ 의 어떤 유한 부분집합 $\{C_1, \ldots, C_k\}$ 가 존재한다.

이 정리의 증명은 뒤에 나오는 정리 3.1.23 의 증명을 보면 된다. 이 정리에서 $O_\lambda = X \setminus C_\lambda$ 라 놓으면 O_λ 들은 열린집합으로

$$\cup_\lambda O_\lambda = X \setminus (\cap_\lambda C_\lambda) = X$$

을 만족하는데 이런 열린집합의 모임 $\{O_\lambda\}$ 을 X 의 열린덮개라 한다. 또한, 이 정리의 결론이 의미하듯

$$O_1 \cup \cdots \cup O_k = X$$

를 만족하는 $\{O_\lambda\}$의 유한부분집합 $\{O_1,\ldots,O_k\}$가 존재한다. 이런 관찰로부터 실수공간 $\mathbb{R}$의 유계인 닫힌집합에 해당하는 개념을 다음과 같이 일반화할 수 있다.

정의 3.1.3 위상공간 X의 열린집합의 모임 $\{U_\lambda \mid \lambda \in \Lambda\}$가

$$X = \cup_{\lambda\in\Lambda} U_\lambda$$

을 만족하면 $\{U_\lambda \mid \lambda \in \Lambda\}$를 X의 **열린덮개**(open cover)라 한다. X의 열린덮개 $\{U_\lambda \mid \lambda \in \Lambda\}$의 부분집합 $\{U_\lambda \mid \lambda \in \Lambda'\}$이

$$X = \cup_{\lambda\in\Lambda'} U_\lambda$$

를 만족하면 $\{U_\lambda \mid \lambda \in \Lambda'\}$을 $\{U_\lambda \mid \lambda \in \Lambda\}$의 **부분덮개**(subcover)라 한다. 위상공간 X의 임의의 열린덮개가 유한집합인 부분덮개를 가지면 X를 **옹골공간**(compact space)이라 한다.

유한집합인 위상공간이 옹골공간임은 자명하다. 반대로 X가 무한집합인 이산공간이면 X는 옹골공간이 아니다. 왜냐하면, $\{\{x\} \mid x \in X\}$는 X의 열린덮개인데 X가 무한집합이므로 이들 중 유한개로는 X를 다 덮을 수 없기 때문이다.

보기 3.1.4 실수공간 $\mathbb{R}$의 부분공간 $A = \{1/n | n \in \mathbb{N}\}$와 $B = A \cup \{0\}$의 옹골공간 여부를 판정해보자.

(a) 먼저 $\mathbb{R}$의 열린집합 $(\frac{1}{n+1}, \frac{1}{n-1})$과 A의 교집합이 $\{\frac{1}{n}\}$이므로 $U_n = \{\frac{1}{n}\}$이라 하면 $\{U_n\}_{n=1}^{\infty}$가 A의 열린덮개이다. 그런데 이 열린덮개의 원소 중 하나라도 제거하면 A를 덮을 수 없음은 자명하다. 그러므로 옹골성의 정의에 따르면 위상공간 A는 옹골공간이 아니다.

(b) 위상공간 A와 달리 B는 점 0을 포함하고 있어 유한개로 줄지 않는 열린덮개를 갖지 않는다. 따라서 B는 옹골공간이다. 이유를 정확하게 기술하자면 다음과 같다. $\{U_\lambda | \lambda \in \Lambda\}$를 B의 열린덮개라 하자. 이 열린덮개의 원소 중 0을 포함하는 것을 U_{λ_0}라 하자. U_{λ_0}가 0을 포함하는 열린집합이므로

$$\left(-\frac{1}{N}, \frac{1}{N}\right) \cap A \subset U_{\lambda_0}$$

을 만족하는 자연수 N이 존재한다. 따라서 U_{λ_0}에 속하지 않은 B의 점은 유한개이다. 이 점들을 각각 $x_1,\ldots,x_k$라 하자. 각 점 x_i를 포함하는 열린덮개 $\{U_\lambda | \lambda \in \Lambda\}$의 원소를 U_{λ_i}라 하면

$$\left(\bigcup_{i=1}^{k} U_{\lambda_i}\right) \cup U_{\lambda_0} = B$$

가 된다. 따라서 B의 임의의 열린덮개 $\{U_\lambda | \lambda \in \Lambda\}$가 유한부분덮개를 가지므로 B는 옹골공간이다.

◇

문제 3.1.5 유한여집합위상을 지닌 위상공간은 옹골공간임을 보여라.

Y를 위상공간 X의 부분집합이라 하자.

$$Y \subset \bigcup_{\lambda \in \Lambda} U_\lambda$$

를 만족하는 X의 열린집합의 모임 $\{U_\lambda \mid \lambda \in \Lambda\}$를 Y의 열린덮개라 한다. Y의 임의의 열린덮개 $\{U_\lambda \mid \lambda \in \Lambda\}$가

$$Y \subset \bigcup_{i=1}^{n} U_{\lambda_i}$$

인 부분덮개 $\{U_{\lambda_i} \mid 1 \leq i \leq n\}$를 포함하면 Y를 **옹골집합**(compact set)이라 한다.

문제 3.1.6 위상공간 X의 부분집합 Y에 대한 다음 두 명제는 동치이다.

(a) Y를 X의 부분공간으로 간주했을 때 Y는 옹골공간이다.

(b) Y는 옹골집합이다.

정리 3.1.7 임의의 닫힌구간 $[a,b]$는 옹골공간이다.

증명. $\mathscr{U}$를 $[a,b]$의 열린덮개라 하자. $[a,b]$의 부분집합

$$A = \{x \in [a,b] \mid [a,x]\text{가 } \mathscr{U}\text{의 유한개의 원소에 의하여 덮힘}\}$$

라 하자. $A = [a,b]$임을 보이면 된다.

$a \in A$이고 $A \subset [a,b]$, 즉 A가 유계이고 공집합이 아닌 집합이므로 A의 최소상계가 존재한다. A의 최소상계를 s라 하자. $s \in A$이고 $s = b$임을 보이면 충분하다. 먼저 a를 포함하는 $\mathscr{U}$의 원소인 열린집합이 존재하므로 $a < s$이다. 또 $\mathscr{U}$가 $[a,b]$의 열린덮개이므로 $s \in U_0$인 $\mathscr{U}$의 원 U_0가 존재한다. U_0가 열린집합이므로 $a \leq s-\varepsilon$이고 $[s-\varepsilon, s] \subset U_0$인 양수 ε이 존재한다. A의 정의로부터 $s-\varepsilon \in A$이므로 $[a, s-\varepsilon]$이 $\mathscr{U}$의 유한개의 원소에 의하여 덮힌다. 그 유한개의 원소를 $U_1, \cdots, U_n$이라 하면 $[a,s]$는 $U_0, U_1, \ldots, U_n$에 의하여 덮힌다. 그러므로 $s \in A$이다. 또한 만약

$s < b$ 이라면 $[s, s+\delta] \subset U_0$ 이고 $s+\delta < b$ 인 양수 δ 가 존재한다. 따라서 $U_0, U_1, \ldots, U_n$ 은 $[a, s+\delta]$ 를 덮는다. A 의 정의로부터 $s+\delta \in A$ 이다. 이는 s 가 A 의 최소상계라는 사실에 모순이다. 따라서 $s = b$ 이다. □

위 정리를 **Heine-Borel 정리**라 한다.

문제 3.1.8 구간 $(0,1)$ 의 열린덮개 중 유한부분덮개를 갖지않은 것을 찾고, 따라서 $(0,1)$ 이 옹골공간이 아님을 결론지어라.

다음 정리들은 옹골공간에 대한 기본정리들이다.

정리 3.1.9 $f: X \to Y$ 가 연속사상이고 X 가 옹골공간이면 $f(X)$ 도 옹골공간이다.

증명. $\mathscr{U}$ 를 $f(X)$ 의 열린덮개라 하자. f 가 연속이므로 각 $U \in \mathscr{U}$ 에 대하여 $f^{-1}(U)$ 는 X 에서 열린집합이다. 또 $f(X) \subset \bigcup_{U \in \mathscr{U}} U$ 이므로

$$X = \bigcup_{U \in \mathscr{U}} f^{-1}(U)$$

이다. 따라서 $\{f^{-1}(U) \mid U \in \mathscr{U}\}$ 는 X 의 열린덮개이다. 이제 X 가 옹골공간이므로 열린덮개 $\{f^{-1}(U) \mid U \in \mathscr{U}\}$ 의 유한부분덮개 $\{f^{-1}(U_i) \mid 1 \leq i \leq n\}$ 가 존재한다. $f(f^{-1}(U_i)) \subset U_i$ 이므로

$$f(X) = f(\bigcup_{i=1}^{n} f^{-1}(U_i)) = \bigcup_{i=1}^{n} f(f^{-1}(U_i)) \subset \bigcup_{i=1}^{n} U_i$$

이다. 따라서 $\{U_1, \cdots, U_n\}$ 이 $f(X)$ 를 덮는다. 즉, $f(X)$ 는 옹골공간이다. □

$f: X \to Y$ 가 위상동형사상일 때 정리 3.1.9를 이용하면 X 가 옹골공간인 것은 Y 가 옹골공간인 것과 필요충분조건이다. 따라서 위상공간의 옹골성은 위상동형사상에 의하여서는 변하지 않는다. 옹골성처럼 위상동형사상에 의하여 변하지 않는 성질을 **위상적 성질**(topological property)이라 한다. $(0,1)$ 은 옹골공간이 아니고 $[0,1]$ 은 옹골공간이므로 $(0,1)$ 과 $[0,1]$ 은 위상동형이 아니다.

정리 3.1.10 A 가 옹골공간 X 에서 닫힌집합이면 A 도 옹골공간이다.

증명. $\mathscr{U}$가 A의 열린덮개라 하자. $X\setminus A$가 열린집합이고

$$X = (\bigcup_{U\in\mathscr{U}} U)\cup(X\setminus A)$$

이므로 $\mathscr{U}\cup\{X\setminus A\}$는 X의 열린덮개이다. X가 옹골공간이므로 $\mathscr{U}\cup\{X\setminus A\}$의 유한부분덮개 $\{U_1,\cdots,U_n,X\setminus A\}$가 존재한다.

$$X = U_1\cup\cdots\cup U_n\cup(X\setminus A)$$

이므로

$$A\subset(U_1\cup\cdots\cup U_n)$$

이다. 따라서 A는 옹골공간이다. □

정리 3.1.11 A가 Hausdorff 공간 X의 부분집합이라 하자. A가 옹골집합이면 A는 닫힌집합이다.

증명. $X\setminus A$가 열린집합임을 보이자. p를 $X\setminus A$의 임의의 원이라 하자. X가 Hausdorff 공간이므로 각 $x\in A$에 대하여

$$x\in U_x,\quad p\in V_x,\quad U_x\cap V_x=\varnothing$$

을 만족하는 열린집합 U_x와 V_x가 존재한다. $\{U_x\,|\,x\in A\}$는 A의 열린덮개임은 자명하다. A가 옹골집합이므로 $\{U_x\,|\,x\in A\}$의 유한부분덮개 $\{U_1,\cdots,U_n\}$가 존재한다. V_i를 U_i에 대응하는 p를 포함하는 열린집합이라 하자. $U=\bigcup_{i=1}^n U_i$, $V=\bigcap_{i=1}^n V_i$라 놓으면 U와 V는

$$A\subset U,\quad p\in V,\quad U\cap V=\varnothing$$

을 만족하는 열린집합이다. 따라서 $p\in V\subset X\setminus A$이다. 즉, $X\setminus A$가 열린집합이다. □

X가 Hausdorff라는 조건이 빠지면 위 정리는 성립하지 않는다.

문제 3.1.12 유한여집합위상이 주어진 정수집합 $\mathbb{Z}$의 부분집합 중 옹골집합이나 닫힌집합은 아닌 예를 찾아라.

정리 3.1.13 X가 옹골공간이고 Y는 Hausdorff 공간이라 하자. $f : X \to Y$가 연속인 전단사사상이면 f는 위상동형사상이다.

증명. f^{-1}가 연속사상임을 보이면 충분하다. C를 X 위의 임의의 닫힌집합이라 하자. X가 옹골공간이므로 정리 3.1.10 에 의하면 C는 옹골집합이다. f가 연속사상이므로 정리 3.1.9 에 의하여 $f(C)$가 옹골집합이다. 이제 $f(C)$가 Hausdorff 공간 Y에서 옹골집합이므로 정리 3.1.11 에 의하여 $f(C)$는 닫힌집합이다. 그러므로 $(f^{-1})^{-1} = f$에 의한 닫힌집합의 상이 닫힌집합이 되어 f^{-1}는 연속이다. □

Y가 Hausdorff 공간이라는 조건이 빠지면 위 정리는 성립하지 않는다.

문제 3.1.14 X를 정수집합 $\mathbb{Z}$에 이산위상이 주어진 공간이고 Y를 정수집합 $\mathbb{Z}$에 유한여집합위상이 주어진 공간이라 하자. $f(x) = x$로 정의한 사상 $f : X \to Y$가 연속인 전단사사상이나 역사상은 연속이 아님을 보여라.

정리 3.1.15 X가 옹골공간이라 하자. X의 부분집합 A가 무한집합이면 A의 집적점이 존재한다.

증명. A의 집적점이 존재하지 않으면 A가 유한집합임을 보이면 충분하다. A의 집적점이 존재하지 않는다고 하면, 각 $x \in X$에 대하여

$$U_x \cap A = \begin{cases} \varnothing, & x \notin A, \\ x, & x \in A \end{cases}$$

을 만족하는 x를 포함하는 열린집합 U_x가 존재한다. X의 열린덮개 $\mathscr{U} = \{U_x | x \in X\}$를 고려하자. X가 옹골공간이므로 열린덮개 $\mathscr{U}$의 유한부분덮개 $\{U_1, \cdots, U_n\}$이 존재한다.

$$A = A \cap X = A \cap (\bigcup_{i=1}^{n} U_i) = \bigcup_{i=1}^{n} A \cap U_i$$

임을 주목하자. 각 $A \cap U_i$의 원소의 수는 1개 이하이므로 $\bigcup_{i=1}^{n}(A \cap U_i)$의 원소의 수는 n개 이하이다. 따라서 A의 원소의 수는 n개 이하이다. □

위 정리를 **Bolzano-Weierstrass**정리라 한다.

보조정리 3.1.16 $\mathscr{B}$가 위상공간 X의 기저라 하자. 다음 두 명제는 동치이다.

(a) X는 옹골공간이다.

(b) $\mathscr{B}$의 원소로 이루어진 X의 열린덮개는 유한부분덮개를 갖는다.

문제 3.1.17 위 보조정리를 증명하여라.

정리 3.1.18 위상공간 X와 Y에 대하여 다음 두 명제가 동치이다.

(a) $X \times Y$가 옹골공간이다.

(b) X와 Y 모두 옹골공간이다.

증명. ((a) $\Longrightarrow$ (b)) 사영사상 $p_1 : X \times Y \to X$와 $p_2 : X \times Y \to Y$가 모두 연속사상이므로 정리 3.1.9 에 의하여 X와 Y가 옹골공간이다.

((b) $\Longrightarrow$ (a)) $\mathscr{U}$ 를 $U \times V$(U는 X에서 열린집합, V는 Y에서 열린집합)형태의 열린집합으로 이루어진 $X \times Y$의 열린덮개라 하자. 위 보조정리에 의하면 $\mathscr{U}$ 가 유한부분덮개를 가짐을 보이면 충분하다.

각 $x \in X$에 대하여 $\{x\} \times Y$는 Y와 위상동형이므로 옹골집합이다. 따라서

$$\{x\} \times Y \subset \cup_{i=1}^{n_x} U_i^x \times V_i^x$$

을 만족하는 $\mathscr{U}$ 의 유한부분집합 $\{U_1^x \times V_1^x, \cdots, U_{n_x}^x \times V_{n_x}^x\}$이 존재한다. 다음으로 $U^x = \bigcap_{i=1}^{n_x} U_i^x$라 놓자. 그러면 U^x는 x를 포함하는 X에서 열린집합이다.

X의 열린덮개 $\mathscr{U}_X = \{U^x \mid x \in X\}$를 고려하자. X가 옹골공간이므로 $\mathscr{U}_X$의 유한부분덮개 $\{U^{x_i} \mid 1 \le i \le m\}$이 존재한다. $X = \bigcup_{i=1}^{m} U^{x_i}$ 이므로

$$X \times Y = (U^{x_1} \times Y) \cup \cdots \cup (U^{x_m} \times Y)$$

이다. 그런데 각 i에 대하여

$$U^{x_i} \times Y \subset ((U_1^{x_i} \times V_1^{x_i}) \cup \cdots \cup (U_{n_{x_i}}^{x_i} \times V_{n_{x_i}}^{x_i}))$$

이므로

$$\{U_1^{x_i} \times V_1^{x_i}, \cdots, U_{n_{x_i}}^{x_i} \times V_{n_{x_i}}^{x_i} \mid 1 \le i \le m\}$$

이 $\mathscr{U}$ 의 유한부분덮개이다. □

수학적 귀납법을 쓰면 유한개의 옹골공간의 곱공간이 옹골공간임을 보일 수 있다. Euclid 공간 $\mathbb{R}^n$ 에서는 옹골공간은 유계인 닫힌집합뿐이다.

> 정리 3.1.19 $A \subset \mathbb{R}^n$ 에 대한 다음 두 명제는 동치이다.
>
> (a) A가 옹골집합이다.
>
> (b) A는 유계인 닫힌집합이다.

증명. ((a) $\Longrightarrow$ (b)) $\mathbb{R}^n$ 이 Hausdorff 공간이므로 정리 3.1.11 에 의하여 A는 닫힌 집합이다. 한편 원점이 중심인 열린공 $\{B_n(\mathbf{0}) \mid n \in \mathbb{N}\}$ 이 A의 열린덮개임을 주목하자. A가 옹골공간이므로 $\{B_n(\mathbf{0}) \mid n \in \mathbb{N}\}$ 의 유한 덮개공간

$$\{B_{n_1}(\mathbf{0}), \cdots, B_{n_k}(\mathbf{0})\}$$

가 존재한다. M을 $n_1, \cdots, n_k$ 중 가장 큰 수라 하면 A는 $B_M(\mathbf{0})$ 에 포함된다. 따라서 A는 유계이다.

((b) $\Longrightarrow$ (a)) A가 유계이므로

$$A \subset [-s,s] \times \cdots \times [-s,s]$$

인 양수 s가 존재한다. Heine-Borel 정리와 정리 3.1.18 에 의하면 $[-s,s] \times \cdots \times [-s,s]$는 옹골집합이다. A가 옹골공간 $[-s,s] \times \cdots \times [-s,s]$의 부분집합이므로 정리 3.1.10 에 의하여 A가 옹골집합이다. □

보기 3.1.20 (a) 정수집합 $\mathbb{Z}$는 $\mathbb{R}$ 에서 유계가 아니므로 옹골집합이 아니다.

(b) 집합 $\{1/n \mid n \in \mathbb{N}\}$은 $\mathbb{R}$ 에서 닫힌집합이 아니므로 옹골집합이 아니다.

(c) 집합 $\{1/n \mid n \in \mathbb{N}\} \cup \{0\}$은 $\mathbb{R}$ 에서 유계이고 닫힌집합이므로 옹골집합이다. ◇

고등학교 시절 이래로 증명없이 사용해왔던 최대, 최소정리는 닫힌구간의 옹골성으로 인하여 얻어진다. 일반적인 옹골공간에서의 최대, 최소정리를 증명해보자.

> 정리 3.1.21 X를 옹골공간이라 하자. $f : X \to \mathbb{R}$ 이 연속사상이면 f는 최대값과 최소값을 모두 갖는다.

증명. f가 연속이고 X가 옹골공간이므로 정리 3.1.9 에 의하면 $f(X)$가 옹골집합이다. 정리 3.1.19 에 의하면 옹골집합 $f(X)$는 유계인 집합이다. 따라서 $f(X)$의 최소상계와 최대하계가 존재한다. 이들을 각각 M과 m이라 하자. 정리 3.1.19 에 의하면 $f(X)$는 닫힌집합이므로 M과 m이 모두 집합 $f(X)$에 속한다. 그러므로 $f(x_1) = M$, $f(x_2) = m$인 점 $x_1, x_2 \in X$가 존재한다. 즉, f가 최대값과 최소값을 갖는다. □

거리공간 (X,d)의 부분집합 A에 대하여 A의 지름은

$$\sup\{d(a_1,a_2) \,|\, a_1,a_2 \in A\}$$

로 정의된다. 거리공간 X의 열린덮개 $\mathscr{U}$ 에 대하여 다음 조건을 만족하는 양수 δ를 열린덮개 $\mathscr{U}$ 의 **Lebesque 수**라 한다.

X의 부분집합 A의 지름이 δ보다 작으면 $A \subset U$인 $U \in \mathscr{U}$가 존재한다.

옹골 거리공간의 임의의 열린덮개에 대한 Lebesque 수는 항상 존재한다.

보조정리 3.1.22 $\mathscr{U}$ 를 옹골 거리공간 (X,d)의 열린덮개라 하자. 다음 조건을 만족하는 양수 δ가 존재한다.

X의 부분집합 A의 지름이 δ보다 작으면 $A \subset U$인 $U \in \mathscr{U}$가 존재한다.

증명. 결론을 부정하면 다음 두 조건을 만족하는 X의 부분집합들의 모임 $\{A_k\}_{k=1}^{\infty}$이 존재한다.

- 어떤 A_k도 $\mathscr{U}$ 의 원소의 부분집합이 아니다.
- A_k의 지름이 $\frac{1}{k}$보다 작다.

각 A_k로부터 점 x_k를 선택하자. 이때 집합 $\{x_k\}_{k=1}^{\infty}$는 유한집합이거나 무한집합이다. $\{x_k\}_{k=1}^{\infty}$가 유한집합일 경우는 무한번 반복되는 한 점 x_k가 존재한다. 또 $\{x_k\}_{k=1}^{\infty}$ 가 무한집합일 경우는 X가 옹골공간이므로 Bolzano-Weierstrass 정리(정리 3.1.15) 에 의하면 집합 $\{x_k\}_{k=1}^{\infty}$는 집적점을 갖는다. 전자의 경우는 무한번 반복되는 점, 후자의 경우는 집적점을 x_0라 하자.

이제 U를 x_0를 포함하는 $\mathscr{U}$의 원소라 하자. 그러면 U가 열린집합이므로 $B_r(x_0) \subset U$인 양수 r이 존재한다. 충분히 큰 자연수 N을 선택하면 A_N의 지름이

$\frac{r}{2}$보다 작고 $x_N \in B_{r/2}(x_0)$가 된다. 임의의 $x \in A_N$에 대하여

$$d(x,x_0) \le d(x,x_N) + d(x_N,x_0) < \frac{r}{2} + \frac{r}{2} = r$$

이므로 $A_N \subset U$가 된다. 이는 $\{A_k\}$가 만족해야 하는 조건에 위배된다. □

정리 3.1.22 를 **Lebesque 보조정리**라 한다.

우리는 실수집합에서 축소구간성질이 성립함을 알고 있다. 다음 정리는 축소구간 정리를 일반적인 옹골공간으로 확장한 것이다(정리 3.1.2 를 볼 것). 먼저 간단한 용어를 하나 소개하기로 하자. $\mathscr{C}$를 위상공간 X의 적당한 부분집합의 모임이라 하자. $\mathscr{C}$의 임의의 유한부분집합 $\{C_1,\ldots,C_n\}$에 대하여 $\bigcap_{i=1}^n C_i$가 공집합이 아니면 $\mathscr{C}$가 **유한교집합 조건**(finite intersection property)을 만족한다고 한다.

정리 3.1.23 위상공간 X에 대한 다음 두 명제는 동치이다.

(a) X가 옹골공간이다.

(b) $\mathscr{C}$가 X의 닫힌집합의 모임으로 유한교집합 조건을 만족하면

$$\bigcap_{C\in\mathscr{C}} C \neq \varnothing$$

이다.

증명. ((a) $\Longrightarrow$ (b)) $\mathscr{C}$가 X의 닫힌집합의 모임으로 유한교집합 조건을 만족하나 $\bigcap_{C\in\mathscr{C}} C$는 공집합이라 가정하자. 그러면

$$\bigcup_{C\in\mathscr{C}} (X\setminus C) = X\setminus(\bigcap_{C\in\mathscr{C}} C) = X$$

이므로 $\mathscr{U} := \{X\setminus C \mid C\in\mathscr{C}\}$는 X의 열린덮개이다. X가 옹골공간이므로 $\mathscr{U}$의 유한부분덮개 $\{X\setminus C_1,\ldots,X\setminus C_n\}$이 존재한다. 이제

$$X = \bigcup_{i=1}^n (X\setminus C_i) = X\setminus(\bigcap_{i=1}^n C_i)$$

이므로 $\bigcap_{i=1}^n C_i = \varnothing$이다. 이는 가정에 모순이다. 따라서 $\bigcap_{C\in\mathscr{C}} C$는 공집합이 아니다.

((b) $\Longrightarrow$ (a)) $\mathscr{U}$ 를 X의 열린덮개라 하자. $\bigcup_{U\in\mathscr{U}} U = X$ 이므로

$$\bigcap_{U\in\mathscr{U}} (X\setminus U) = X\setminus(\bigcup_{U\in\mathscr{U}} U) = \varnothing$$

이다. 가정에 의하여 닫힌집합의 모임 $\{X\setminus U \mid U\in\mathscr{U}\}$은 유한교집합 조건을 만족해선 안 된다. 따라서 모임 $\{X\setminus U \mid U\in\mathscr{U}\}$로부터

$$\bigcap_{i=1}^{m}(X\setminus U_i) = \varnothing$$

을 만족하는 유한개의 닫힌집합 $X\setminus U_1,\cdots,X\setminus U_m$을 선택할 수 있다. 이제 $\bigcup_{i=1}^{m} U_i = X$ 이므로 X가 옹골공간이다. □

옹골성과 아주 밀접하게 관련된 두 가지 개념을 소개하며 이 단원을 마무리하기로 하자.

정의 3.1.24 X를 위상공간이라 하자.

(a) X의 모든 무한부분집합이 집적점을 가지면 X를 **Bolzano-Weierstrass 특성**을 갖는 공간 또는 **집적 옹골공간**(limit point compact space)이라 한다(정리 3.1.15 참조).

(b) X의 점들로 이루어진 수열이 수렴하는 부분수열을 갖는다면 X를 **수열 옹골공간**(sequentially compact space)이라 한다.

옹골공간이면 집적 옹골공간이고 수열 옹골공간이다. 그러나 그 역은 일반적으로 성립하지 않는다. 그러나 거리공간에서는 옹골성, 집적 옹골성, 수열 옹골성이 모두 일치하는 개념이다(증명은 참고도서 [4]를 참조할 것). 따라서 Euclid 공간 $\mathbb{R}^n$을 비롯한 거리공간에서는 옹골성을 이용할 필요가 있을 때, 상황에 따라 세 가지 형태의 옹골성 중 어떤 것을 이용해도 무방하다.

연습문제

1. 다음 주어진 공간이 옹골공간인지 여부를 판정하여라.

   (a) 유리수 집합 $\mathbb{Q}$

(b) 구면 S^2 에서 유한개의 점을 뺀 집합

(c) $\{(x,y) \in \mathbb{R}^2 | x^3 + y^3 = 1\}$

(d) 아래끝위상이 주어진 집합 $[0,1)$

(e) 2×2 행렬의 공간을 $\mathbb{R}^4$ 로 간주했을 때, 직교행렬의 집합 ($A^t A = I$을 만족하는 행렬 A를 직교행렬이라 함)

2. 유한개의 옹골집합의 합집합은 옹골공간임을 보여라.

3. (a) 거리공간 X의 옹골부분집합 A가 닫힌집합이고 유계인 집합임을 보여라.

   (b) 옹골집합이 아닌 유계인 닫힌집합이 존재하는 거리공간의 예를 하나만 들어라.

4. Y가 옹골공간이면 사영사상 $p_1 : X \times Y \to X$가 닫힌사상임을 보여라.

5. 연속사상 $f : X \to Y$가 전사사상이고 닫힌사상이라 하자. 각 점 $y \in Y$에 대하여 $f^{-1}(y)$가 옹골집합이고 K가 Y의 옹골부분집합이면 $f^{-1}(K)$도 옹골집합임을 보여라.

6. A와 B가 각각 X와 Y의 옹골부분집합이라 하자. $A \times B \subset W \subset X \times Y$인 열린집합 W에 대하여

$$A \times B \subset U \times V \subset W$$

인 열린집합 U, V가 존재함을 보여라.

7. 집합 $X = \mathbb{N} \cup \{-1\}$에 대하여 X의 부분집합의 모임 $\mathscr{T}$를 다음과 같이 정의하자.

$U \in \mathscr{T} \iff U$ 가 $\mathbb{N}$의 부분집합이거나 $U = X \setminus A$인 $\mathbb{N}$의 유한 부분집합 A가 존재한다.

   (a) $\mathscr{T}$가 X 위의 위상임을 보여라.

   (b) 실수공간 $\mathbb{R}$의 부분공간 $\{1/n | n \in \mathbb{N}\} \cup \{0\}$이 $(X, \mathscr{T})$과 위상동형임을 보여라.

3.2 Tietze의 확장정리

$X = [0,1]$, $A = (0,1)$ 이고

$$f(x) = \ln \frac{x}{1-x}$$

로 정의된 함수 $f : A \to \mathbb{R}$ 을 고려하자. f가 연속사상임은 자명하다. 그럼 이 연속사상 f를 전체공간 X에서 정의된 연속사상으로 확장할 수 있을까? 즉 $\tilde{f} \circ i = f$를 만족하는 연속사상 $\tilde{f} : X \to \mathbb{R}$ 이 존재할까? 답은 그런 $\tilde{f}$는 존재하지 않는다. 만약 f를 확장하는 $\tilde{f}$가 있다면 X가 옹골공간이므로 $\tilde{f}$가 유계인 함수이고, 따라서 f도 유계인 함수이다. 그러나 f는 유계인 함수가 아니다. 그러므로 f를 전체공간 X로 확장할 수 없다. 이 절에서는 언제 부분공간에서 정의된 연속함수가 전체공간으로 확장되는가에 대하여 다룰 것이다.

정의 3.2.1 d를 X 위의 거리함수라 하자. X의 부분집합 A에 대하여 X 위의 점 x에서 집합 A까지의 거리를

$$d(x,A) = \inf\{d(x,a) \mid a \in A\}$$

로 정의한다.

문제 3.2.2 다음 두 조건이 동치임을 보여라.

(a) $d(x,A) = 0$,

(b) $x \in \overline{A}$.

보조정리 3.2.3 $f(x) = d(x,A)$로 정의된 함수 $f : X \to \mathbb{R}$은 연속함수이다.

증명. X의 임의의 점을 p라 하고 V를 $d(p,A)$를 포함하는 $\mathbb{R}$ 위의 임의의 열린집합이라 하자.

$$(d(p,A) - \varepsilon, d(p,A) + \varepsilon) \subset V$$

이 되도록 충분히 작은 양수 ε을 선택하자. 이제

$$d(x,p) < r \Longrightarrow d(p,A) - \varepsilon < d(x,A) < d(p,A) + \varepsilon$$

을 만족하는 양수 r이 존재함을 보이면 충분하다.

$r = \varepsilon/2$ 이라 하자. $d(p,A)$의 정의로부터

$$d(p,a) < d(p,A) + r$$

인 점 $a \in A$가 존재한다. $d(x,p) < r$이라 하면

$$d(x,A) \le d(x,a) \le d(x,p) + d(p,a) < r + d(p,A) + r = d(p,A) + \varepsilon$$

이 성립한다. 위 증명에서 x와 p의 역할을 바꾸면 비슷하게

$$d(p,A) < d(x,A) + \varepsilon$$

을 증명할 수 있다. 따라서 원하는 바를 보였다. □

보조정리 3.2.4 A와 B가 거리공간 X의 닫힌집합으로 서로 만나지 않으면

(1) $x \in A$에 대하여 $h(x) = 1$

(2) $x \in B$에 대하여 $h(x) = -1$

(3) $x \in X \setminus (A \cup B)$에 대하여 $-1 < h(x) < 1$

을 만족하는 연속함수 $h : X \to \mathbb{R}$이 존재한다.

증명. A와 B가 닫힌집합으로 서로 만나지 않으므로 문제 3.2.2 에 의하면 임의의 $x \in X$에 대하여 $d(x,A) + d(x,B) \neq 0$이다. 그러므로

$$h(x) = \frac{d(x,B) - d(x,A)}{d(x,B) + d(x,A)}$$

로 정의한 함수 $h : X \to \mathbb{R}$은 잘 정의된다. 보조정리 3.2.3 에 의하면 h는 연속함수이다. h가 위에 주어진 세 가지 함수값 조건을 만족함은 자명하다. □

위 보조정리 3.2.4 은 거리공간을 포함하는 더 큰 위상공간의 모임에서 성립한다.

정의 3.2.5 위상공간 X가 다음 두 조건을 만족한다고 하자.

(1) 모든 한 점으로 이루어진 집합은 닫힌집합이다.

(2) A와 B가 X의 닫힌집합으로 서로 만나지 않으면 $A \subset U$이고 $B \subset V$인 서로 만나지 않는 열린집합 U와 V가 존재한다.

이때 X를 **정규공간**(normal space)이라 한다. 또 조건 (2)에서 닫힌집합 중 하나를 한 점으로 이루어진 집합으로 대치하면 X를 **정칙공간**(regular space)이라 한다.

문제 3.2.6 모든 거리공간은 정규공간임을 보여라.

보조정리 3.2.4은 X가 정규공간이라고 조건을 약화시켜도 성립한다. 단지 거리공간의 주어진 두 닫힌집합 외에서는 두 닫힌집합에서의 함수값과 다른 값을 갖도록 할 수 있지만 일반적인 정규공간에서는 그 점이 보장되지 않는다는 것이 다른 점이다.

> 보조정리 3.2.7 A와 B가 정규공간 X의 닫힌집합으로 서로 만나지 않으면 $x \in A$에 대해서는 $h(x) = 0$이 성립하고 $x \in B$에 대해서는 $h(x) = 1$이 성립하는 연속함수 $h : X \to \mathbb{R}$이 존재한다.

보조정리 3.2.7은 그것을 발견한 수학자의 이름을 따서 **Urysohn 보조정리**라 불린다. Urysohn 보조정리는 증명하기가 매우 어렵다. Urysohn 보조정리의 증명은 좋은 아이디어를 포함하고 있으나 현 시점에서 그 증명을 소개하는 것이 교육적으로 별 도움이 안 된다고 생각되어 본문에서는 생략하고 별도로 '부록B'에 싣는다.

문제 3.2.8 Urysohn 보조정리의 역을 증명하여라. 즉, 한 점으로 이루어진 집합이 모두 닫힌집합인 위상공간 X의 서로 만나지 않는 두 닫힌집합 A와 B에 대하여 $x \in A$에 대해서는 $h(x) = 0$, $x \in B$에 대해서는 $h(x) = 1$이 성립하는 연속함수 $h : X \to \mathbb{R}$이 존재하면 X는 정규공간임을 보여라.

다음 정리는 언제 부분공간에서 정의된 연속함수를 전체공간으로 확장할 수 있는가에 대한 좋은 답을 제공한다.

> 정리 3.2.9 거리공간의 닫힌부분집합에서 정의된 연속함수는 전체공간에서 정의된 연속함수로 확장될 수 있다.

증명. C를 거리공간 X의 닫힌부분집합이라 하고 $f : C \to \mathbb{R}$를 연속함수라 하자. 먼저 f의 상이 닫힌구간에 포함된 경우를 고려하자. 적당한 위상동형사상을 이용하면 f의 상이 구간 $[-1, 1]$에 포함되어 있다 가정해도 좋다.

$A_1 = f^{-1}([1/3, 1])$, $B_1 = f^{-1}([-1, -1/3])$라 하자. 그러면 A_1과 B_1은 C의 닫힌부분집합이다. C가 X에서 닫힌집합이므로 A_1과 B_1도 X에서 닫힌집합이다. 보조정리 3.2.4에 의하면

- $x \in A_1$ 에 대하여 $g_1(x) = 1/3$,
- $x \in B_1$ 에 대하여 $g_1(x) = -1/3$ 이고
- $x \in X \setminus (A_1 \cup B_1)$ 에 대하여 $-1/3 < g_1(x) < 1/3$

을 만족하는 연속함수 $g_1 : X \to [-1/3, 1/3]$ 이 존재한다. g_1 의 함수값을 잘 살펴보면 $x \in C$ 에 대하여 $|f(x) - g_1(x)| \leq 2/3$ 임을 쉽게 확인할 수 있다.

이제 함수 $h_1(x) = f(x) - g_1(x)$ 로 정의된 함수 $h_1 : C \to \mathbb{R}$ 을 고려하자. C 의 닫힌 부분집합 $A_2 = h_1^{-1}([2/3^2, 2/3])$ 와 $B_2 = h_1^{-1}([-2/3, -2/3^2])$ 에 보조정리 3.2.4 를 적용하면

- $x \in A_2$ 에 대하여 $g_2(x) = 2/3^2$,
- $x \in B_2$ 에 대하여 $g_2(x) = -2/3^2$ 이고
- $x \in X \setminus (A_2 \cup B_2)$ 에 대하여 $-2/3^2 < g_2(x) < 2/3^2$

을 만족하는 연속함수 $g_2 : X \to [-2/3^2, 2/3^2]$ 를 얻을 수 있다. g_2 의 함수값을 살펴보면 $x \in C$ 에 대하여 $|h_1(x) - g_2(x)| \leq 4/3^2$ 임을 알 수 있다. 즉, $x \in C$ 에 대하여 $|f(x) - (g_1(x) + g_2(x))| \leq 4/3^2$ 이 성립한다.

위 과정을 반복하면 각 자연수 n 에 대하여

(a) $x \in C$ 에 대하여 $|f(x) - (g_1(x) + \cdots + g_n(x))| \leq \frac{2^n}{3^n}$ 이고
(b) $x \in X \setminus C$ 에 대하여 $|g_n(x)| \leq \frac{2^{n-1}}{3^n}$

을 만족하는 연속함수 $g_n : X \to [-2^{n-1}/3^n, 2^{n-1}/3^n]$ 을 얻는다. 이제 모든 $x \in X$ 에 대하여 $|g_n(x)| \leq 2^{n-1}/3^n$ 이고 급수 $\sum_{n=1}^{\infty} 2^{n-1}/3^n$ 이 수렴하므로 Weierstrass M-test에 의하면 급수 $\sum_{n=1}^{\infty} g_n(x)$ 는 X 위에서 고르게 수렴(uniformly converge)한다. 따라서 $g(x) = \sum_{n=1}^{\infty} g_n(x)$ 로 정의한 함수 $g : X \to [-1, 1]$ 가 연속함수이다. 또 위 조건 (a)로부터 $x \in C$ 에 대하여 $f(x) = g(x)$ 임을 알 수 있다. 따라서 g 는 f 를 X 전체로 확장한 연속함수이다.

이제 f 의 상이 어떤 닫힌구간에도 포함되지 않은 경우를 고려하자. 위상동형사상 $\phi : \mathbb{R} \to (-1, 1)$ 를 하나 선택하자. 예를 들면 $\phi(x) = \frac{e^x - 1}{e^x + 1}$ 를 선택하면 된다. 앞의 경우를 함수 $\phi \circ f$ 에 적용하면 $\phi \circ f$ 의 확장인 연속함수 g 를 얻을 수 있다. $\phi^{-1} \circ g$ 가 바라던 f 의 확장인 연속함수이다. □

Urysohn 보조정리가 정규공간에서 성립하므로 정리 3.2.9 의 증명을 그대로 사용하면 정리 3.2.9 가 정규공간에서도 성립함을 보일 수 있다.

> **정리** 3.2.10 정규공간의 닫힌부분집합에서 정의된 연속함수는 전체공간에서 정의된 연속함수로 확장될 수 있다.

위 정리를 **Tietze 확장정리**(Tietze Extension theorem)라 한다. 지금까지 우리는 Urysohn 보조정리로부터 Tietze 확장정리를 유도하였는데, 역으로 Tietze 확장정리로부터 Urysohn 보조정리를 유도할 수 있다.

문제 3.2.11 Tietze 확장정리로부터 Urysohn 정리를 유도할 수 있음을 보여라. 즉, 위상공간 X에 대한 명제 (a)가 성립한다는 가정하에 명제 (b)를 증명하여라.

(a) X의 임의의 닫힌부분집합 A에서 정의된 연속함수 $f: X \to [0,1]$가 전제공간 X에서 정의된 연속함수 $\tilde{f}: X \to [0,1]$로 확장된다.

(b) 서로 만나지 않는 X의 두 닫힌부분집합 A와 B에 대하여 $x \in A$에 대해서는 $h(x) = 0$, $x \in B$에 대해서는 $h(x) = 1$이 성립하는 연속함수 $h: X \to [0,1]$이 존재한다.

연습문제

1. Hausdorff인 옹골공간이 정규공간임을 보여라.

2. A를 거리공간 (X,d)의 옹골부분집합이라 하자.

   (a) A의 지름은 $\sup_{x,y\in A} d(x,y)$이다. $d(x,y)$가 A의 지름과 같아지는 점 $x,y \in A$가 존재함을 보여라.

   (b) 주어진 $x \in X$에 대하여 $d(x,A) = d(x,y)$인 $y \in A$가 존재함을 보여라.

   (c) $A \cap B = \varnothing$인 닫힌집합 B에 대하여 $d(A,B) > 0$임을 보여라.

3. A가 거리공간 X의 닫힌집합일 때, A가 가산(countable)개의 열린집합의 교집합으로 표시할 수 있음을 보여라.

4. $\mathbb{R}$에서 정의된 연속함수로 확장될 수 없는 연속함수 $f: \mathbb{R} \setminus \{0\} \to \mathbb{R}$의 예를 하나 들어라.

5. 항등사상 $f : S^1 \to S^1$ 를 확장하는 연속사상 $\tilde{f} : \mathbb{R}^2 \setminus \{(0,0)\} \to S^1$ 를 찾아라.

6. 주어진 연속사상 $f : X \to \mathbb{R}^{n+1} \setminus \{\mathbf{0}\}$ 에 대하여 $f^{-1}(S^n)$ 에서 함수값이 f와 일치하는 연속사상 $g : X \to S^n$ 을 구하여라.

7. A를 거리공간 X의 닫힌집합이라 하자. 연속사상 $f : A \to S^n$ 이 A의 어떤 근방에서 정의된 연속사상으로 확장됨을 보여라.

3.3 한 점 옹골화

앞 절에서 보았듯이 옹골공간은 여러 가지 좋은 성질을 갖고 있다. 따라서 어떤 공간이 옹골공간의 부분공간이 된다면 그 공간을 비교적 잘 알 수 있게 된다. 이 절에서는 옹골공간이 아닌 공간을 옹골공간의 부분공간으로 만드는 방법 중의 하나를 소개한다. 단위원 S^1 에서 북극점 $N = (0,1)$ 을 뺀 공간 $S^1 \setminus \{N\}$ 은 $\mathbb{R}$과 위상동형이므로 옹골공간 S^1 은 옹골공간이 아닌 공간 $\mathbb{R}$에 한 점을 더하여 얻었다고 할 수 있다. 이처럼 옹골공간이 아닌 공간에 한 점을 더하여 옹골공간을 만드는 작업을 한 점 옹골화라 한다. 한 점 옹골화를 하려는 공간은 다음 정의에서 기술하는 특별한 성질을 지녀야한다.

정의 3.3.1 주어진 위상공간 X의 각 점 x에 대하여 옹골집합인 x의 근방이 존재하면 X를 **국소 옹골공간**(locally compact space)이라 한다.

위 정의로부터 바로 알 수 있듯이 옹골공간은 국소 옹골공간이다.

보기 3.3.2 국소 옹골공간과 그렇지 않은 공간의 예를 하나씩만 살펴보기로 하자.

(a) 실수공간 $\mathbb{R}$은 국소 옹골공간이다. 그 이유는 다음과 같다.

$\mathbb{R}$의 각 점 x는 적당한 열린구간 (a,b) 에 포함되고 이는 옹골집합인 닫힌구간 $[a,b]$ 에 포함된다. 즉 옹골집합이고 x의 근방인 닫힌구간 $[a,b]$가 존재한다.

(b) 실수공간의 부분집합인 유리수집합 $\mathbb{Q}$는 국소 옹골공간이 아니다. 왜냐하면, 만약 $\mathbb{Q}$ 위의 점 x에 대하여 옹골인 근방 C가 존재하면 C는 $[a,b] \cap \mathbb{Q}$ 형태의 닫힌집합을 포함해야 한다. 옹골집합의 닫힌부분집합은 옹골집합이므로 $[a,b] \cap \mathbb{Q}$도 옹골집합이다. 그러나 $[a,b] \cap \mathbb{Q}$는 옹골집합이 아니다.

◇

문제 3.3.3 X가 Hausdorff 공간이라 하자. 다음 두 명제가 동치임을 보여라.

(1) X가 국소 옹골공간이다.

(2) X의 각 점 x와 x를 포함하는 임의의 열린집합 U에 대하여 $\overline{V}$가 옹골집합이고 $\overline{V} \subset U$인 x의 근방 V가 존재한다.

S^1의 열린집합 U가 북극점 N을 포함하지 않으면 U는 $S^1 \setminus \{N\}$에서 열린집합이고 N을 포함하면 $S^1 \setminus U$가 $S^1 \setminus \{N\}$에 포함되는 옹골집합이 됨을 쉽게 알 수 있다. 이와 같은 관찰로 부터 다음과 같은 정의를 자연스럽게 얻을 수 있다.

정의 3.3.4 X를 국소 옹골공간이지만 옹골공간이 아닌 Hausdorff 공간이고, ∞를 X 위에 있지 않은 점이라 하자. $X^* = X \cup \{\infty\}$ 위의 열린집합 U를 다음과 같이 정의함으로써 X^* 위의 위상을 주기로 하자.

(a) U는 X 위의 열린집합이거나,

(b) $U = X^* \setminus K$인 X의 옹골부분집합 K가 존재한다.

이 때 X^*를 X의 **한 점 옹골화**(one-point compactification)라 한다.

문제 3.3.5 위 정의에서 정의한 열린집합의 모임이 X^* 위의 위상이 됨을 보여라.

정리 3.3.6 X가 국소 옹골공간이지만 옹골공간이 아닌 Hausdorff 공간이라 하면 다음이 성립한다.

(1) X의 한 점 옹골화 X^*는 옹골인 Hausdorff 공간이다.

(2) X는 X^*의 부분공간이고 $\overline{X} = X^*$이다.

증명. 먼저 (2)가 성립함을 보이자. X의 임의의 열린집합 U에 대하여 $U = U \cap X$이고 U가 X^*에서 열린집합이다. 또 역으로 X^*의 임의의 열린집합 O에 대하여 O는 X에서 열린집합이거나 $O = X^* \setminus K$인 X의 옹골부분집합 K가 존재한다. 첫 번째 경우는 $O \cap X = O$이므로 $O \cap X$가 X에서 열린집합이다. 또 두 번째 경우는 $O \cap X = X \setminus K$이고 K가 Hausdorff 공간 X의 옹골부분집합이므로 X의 닫힌부분집합이다. 따라서 이 경우에도 $O \cap X$가 X에서 열린집합이다. 이상을 종합하면 X는 X^*의 부분공간이다.

점 ∞을 포함하는 열린집합은 $X^* \setminus K$(단, K는 X의 옹골부분집합) 형태이다. X가 옹골공간이 아니므로 $X^* \setminus K$와 X의 교집합은 공집합이 아니다. 그러므로 $\overline{X} = X^*$이다.

이제 (1)이 성립함을 보이도록 하자. $\{U_\lambda \mid \lambda \in \Lambda\}$를 X^*의 임의의 열린덮개라 하자. U_λ 중 점 ∞를 포함하는 것을 U_0라 하자. X^*에 주어진 위상의 정의로부터 $U_0 = X^* \setminus K$인 X의 옹골부분집합 K가 존재한다. U_0를 제외한 모든 U_λ 들은 K의 열린덮개이고 K가 옹골집합이므로 이들 중 유한개만으로 K를 덮을 수 있다. 이 유한개의 열린집합과 U_0가 함께 X^*를 덮음은 자명하다. 따라서 X^*는 옹골공간이다.

X^*가 Hausdorff 공간임을 보이기로 하자. a와 b를 X^*의 서로 다른 두 점이라 하자. 먼저 a와 b 모두 X에 속하는 경우는 X가 Hausdorff 공간이므로 a와 b를 각각 포함하는 서로 만나지 않는 X에서의 열린집합 U와 V가 존재한다. X에서의 열린집합이 X^*에서 열린집합이므로 U와 V는 X^*에서 열린집합이다. 또 $a \in X$이고 $b = \infty$일 경우는 X가 국소 옹골공간이므로 a를 포함하는 열린집합 U와 이를 포함하는 옹골집합 K가 존재한다. 이 때 U와 $X^* \setminus K$는 각각 a와 b를 포함하는 X^*에서의 열린집합으로 서로 만나지 않는다. 따라서 X^*는 Hausdorff 공간이다. □

이제 앞에서 언급한 실수공간 $\mathbb{R}$의 한 점 옹골화가 원 S^1이 됨을 엄밀하게 보이기로 하자.

보기 3.3.7 입체사영(stereographic projection) $\rho : S^1 \setminus \{(0,1)\} \to \mathbb{R}$을 이용하여 사상 $f : \mathbb{R}^* \to S^1$을 다음과 같이 정의하자.

$$f(x) = \begin{cases} \rho^{-1}(x), & x \neq \infty \\ (0,1), & x = \infty \end{cases}$$

이 때 f가 전단사 함수임은 자명하다. 이제 f가 각 점 $x \in \mathbb{R}^*$에서 연속임을 보이자. $x \in \mathbb{R}$이면 ρ가 위상동형사상이므로 f가 x에서 연속임은 자명하다. $x = \infty$일 경우를 고려하자. $f(\infty) = (0,1)$을 포함하는 임의의 열린집합을 U라 하면 $C := S^1 \setminus U$는 옹골공간 S^1의 닫힌집합이므로 옹골집합이며 $(0,1) \notin C$이다. ρ가 위상동형사상이므로 $\rho(C)$가 옹골집합이다. 따라서 $O := \mathbb{R}^* \setminus \rho(C)$는 $\mathbb{R}^*$의 열린집합이다. $\infty \in O$이고 $f(O) = S^1 \setminus C = U$이므로 f는 $x = \infty$에서 연속이다. 이제 f가 옹골공간 $\mathbb{R}^*$에서 Hausdorff 공간 S^1으로의 연속인 전단사함수이므로 정리 3.1.13에 의하여 f는 위상동형사상이 된다. ◇

문제 3.3.8 $n \geq 2$일 때 $\mathbb{R}^n$의 한 점 옹골화가 S^n임을 보여라.

연습문제

1. $[0,1)$의 한 점 옹골화가 $[0,1]$과 위상동형임을 보여라.

2. 다음 주어진 공간의 한 점 옹골화는 어떤 공간인가?

   (a) 평면 $\mathbb{R}^2$ 위의 두 직선 $x=0$과 $x=1$로 이루어진 공간

   (b) 평면 $\mathbb{R}^2$ 위의 두 직선 $x=0$과 $y=0$로 이루어진 공간

   (c) $[0,1)\cup[2,3)$

   (d) $[0,1)\times[0,1)$

3. 연속사상 $f:X\to Y$가 전사사상이라 하자. X가 국소 옹골공간이면 Y도 국소 옹골공간인가?

4. 실수공간 $\mathbb{R}$의 부분공간 $\mathbb{N}$의 한 점 옹골화 $\mathbb{N}^*$를 구하여라.

5. X와 Y가 국소 옹골공간이고 $f:X\to Y$가 연속인 전사함수라 하자. 다음 두 명제가 동치임을 보여라.

   (a) 임의의 $x\in X$에 대하여 $\tilde{f}(x)=f(x)$를 만족하는 연속인 전사함수 $\tilde{f}:X^*\to Y^*$가 존재한다.

   (b) 임의의 Y의 옹골부분집합 K에 대하여 $f^{-1}(K)$가 옹골집합이다.

6. X와 Y가 서로 위상동형인 공간이면 X^*와 Y^*가 위상동형임을 보여라. 또 X^*와 Y^*는 위상동형이나 X와 Y는 위상동형이 아닌 예를 들어라.

연결공간

4

*A*자 모양 공간과 *B*자 모양 공간이 위상공간으로써 어떻게 다를까? 이 물음에 답할 수 있게 해주는 중요한 개념이 연결성(connectedness)인데, 이는 '닫힌구간 $[a,b]$에서 정의된 연속함수가 중간값을 갖는다'는 중간값 정리를 얻는 데 핵심적인 역할을 하는 개념이기도 하다.

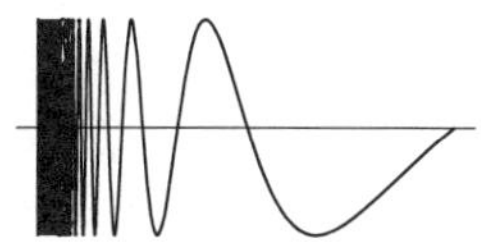

4.1 연결공간

위상공간 $\mathbb{R}$과 $\mathbb{R}\setminus\{0\}$은 서로 위상동형일까? 위상동형이 아니라면 어떤 차이로 위상동형이 아닐까? 직관적으로 쉽게 관찰할 수 있는 한 가지 차이점은 $\mathbb{R}\setminus\{0\}$은 공집합이 아니고 서로 만나지 않은 두 열린집합의 합집합으로 표시되고 $\mathbb{R}$은 그렇지 않다(나중에 증명할 것임)라는 점이다. 만약 위상동형이라면 $\mathbb{R}$도 $\mathbb{R}\setminus\{0\}$처럼 공집합이 아니고 서로 만나지 않은 두 열린집합의 합집합으로 표시되어야 할 것이다. 그러나 그렇지 않으므로 두 공간은 위상동형이 아니다. 이 예에서 볼 수 있듯이 주어진 두 위상공간을 구분하는 좋은 방법 중의 하나가 주어진 공간이 공집합이 아니고 서로 만나지 않은 두 열린집합의 합집합으로 표시되는가를 살펴보는 것이다.

정의 4.1.1 위상공간 X에 대하여

$$X = U \cup V, \qquad U \cap V = \varnothing$$

인 공집합이 아닌 X의 두 열린집합 U, V가 존재하면 X를 **연결되지 않은 공간**(disconnected space)이라 한다. 반대로 그렇지 않은 공간을 **연결공간**(connected space)이라 한다.

정리 4.1.2 위상공간 X에 대하여 다음 명제들은 동치이다.

(a) X가 연결공간이다.

(b) 열린집합이며 동시에 닫힌집합인 X의 부분집합은 X와 공집합뿐이다.

(c) $X = A \cup B$이고 A와 B가 공집합이 아니면 $\overline{A} \cap B \neq \varnothing$ 또는 $A \cap \overline{B} \neq \varnothing$이다.

(d) Y가 두 개 이상의 점을 포함하는 이산공간이면 X에서 Y로의 연속인 전사함수는 없다.

증명. ((a) $\Longrightarrow$ (b)) 만약 열린집합이고 동시에 닫힌집합인 X의 부분집합 중에 X도 공집합도 아닌 집합 U가 존재한다고 가정하자. $V = X \setminus U$라 하면 V는 공집합이 아닌 열린집합이다. $X = U \cup V$, $U \cap V = \varnothing$이고 U, V가 공집합이 아닌 열린집합이므로 X는 연결되지 않은 공간이다. 이는 가정에 모순이다.

((b) $\Longrightarrow$ (c)) $X = A \cup B$, $\overline{A} \cap B = \varnothing$, $A \cap \overline{B} = \varnothing$을 만족하는 공집합이 아닌 집합 A, B가 존재한다고 가정하자. $\overline{A} \cap B = \varnothing$이므로 $A \cap B = \varnothing$이다. 따라서 $X = A \cup B$이므로 $A = X \setminus B$이다. 이제 $A \subset \overline{A} \subset X \setminus B = A$이므로 $A = \overline{A}$이다. 따라서 A는 닫힌집합이다. 마찬가지로 하면 B도 닫힌집합이다. 그러므로 A와 B 모두 공집합이 아니고 열린집합인 동시에 닫힌집합이다. 이는 가정에 모순이다.

((c) $\Longrightarrow$ (a)) X가 연결공간이 아니라 가정하면 $X = A \cup B$, $A \cap B = \varnothing$을 만족하는 공집합이 아닌 열린집합 A, B가 존재한다. $A = X \setminus B$이므로 A는 닫힌집합이다. 따라서 $\overline{A} \cap B = A \cap B = \varnothing$, $A \cap \overline{B} = A \cap B = \varnothing$이 성립한다. 이는 가정에 모순이다.

(d)와 나머지 명제가 동치임을 보이는 것은 연습문제로 남기기로 하자. □

문제 4.1.3 정리 4.1.2에서 (a)와 (d)가 동치임을 보여라.

정리 4.1.4 실수공간 $\mathbb{R}$은 연결공간이다.

증명. $\mathbb{R} = A \cup B$을 만족하는 공집합이 아닌 두 집합 A와 B가 존재한다고 가정하자. 위 정리에 의하면 $\overline{A} \cap B$ 또는 $A \cap \overline{B}$이 공집합이 아님을 보이면 충분하다.

$a \in A$, $b \in B$인 점 a, b를 선택하자. $a < b$라 가정하여도 무방하다.

$$E = \{x \in A | x < b\}$$

라 놓고 $s = \sup E$라 하자. $s \notin A$라 하면 최소상계의 정의에 따라 $s \in \overline{A}$이다. 또 $\mathbb{R} = A \cup B$이므로 $s \in B$이다. 그러므로 $s \in \overline{A} \cap B$이다. 한편 $s \in A$라면 최소상계의 정의에 의하여 $s < c < b$인 점 c는 모두 B에 속한다. 따라서 $s \in \overline{B}$이다. 그러므로 $s \in A \cap \overline{B}$이다. 종합하면 $\overline{A} \cap B \neq \varnothing$이거나 $A \cap \overline{B} \neq \varnothing$이다. 따라서 $\mathbb{R}$은 연결공간이다. □

$[a,b]$, $[a,b)$, $(a,b]$, (a,b), $(-\infty,b]$, $(-\infty,b)$, (a,∞), $[a,\infty)$ 형태의 집합을 실수공간 $\mathbb{R}$에서 **구간**(interval)이라 한다. 직관적으로 이들만이 실수공간 $\mathbb{R}$에서 연결집합임을 알 수 있는데 실제로 그러함을 다음 정리를 통하여 알 수 있다.

> **정리 4.1.5** 실수공간 $\mathbb{R}$의 부분집합 S에 대한 다음 명제는 동치이다.
>
> (a) S가 연결집합이다.
>
> (b) S는 구간이다.

증명. 정리 4.1.4의 증명 방법을 이용하면 모든 구간은 연결집합임을 보일 수 있다. 역을 증명하기 위하여 S가 구간이 아니면 S가 연결집합이 아님을 보이기로 하자. S가 구간이 아니면 $a < p < b$를 만족하는 점 $a, b \in S$와 $p \notin S$가 존재한다. 이제

$$A = \{x \in S \,|\, x < p\}, \qquad B = S \setminus A$$

이라 하자. $p \notin S$이므로 S에서의 A의 폐포에 속한 모든 점은 p보다 작거나 같고 S에서의 B의 폐포에 속한 모든 점은 p보다 크거나 같다. 따라서

$$\overline{A}_S \cap B = \varnothing, \qquad A \cap \overline{B}_S = \varnothing$$

이다 (여기서 $\overline{A}_S$는 S에서의 A의 폐포를 나타낸다). 이는 S가 연결집합이 아님을 뜻한다. □

정리 4.1.2의 (b)를 이용하면 다음 문제를 해결할 수 있다.

문제 4.1.6 사상 $f: X \to Y$를 고려하자. X가 연결공간이고 각 점 $x \in X$에 대하여 $f|_U$가 상수사상이 되는 x를 포함하는 열린집합 U가 존재하면 f가 상수사상임을 보여라.

옹골성과 마찬가지로 연결성도 연속함수에 의하여 보존된다.

정리 4.1.7 $f: X \to Y$가 연속인 전사함수라 하자. X가 연결공간이면 Y도 연결공간이다.

증명. Y가 연결공간이 아니라 가정하자. 그러면 $Y = U \cup V$인 서로 만나지 않고 공집합이 아닌 Y에서 열린집합 U와 V가 존재한다. 이제 f가 연속함수이므로 $f^{-1}(U)$와 $f^{-1}(V)$가 X에서의 열린집합이다. 또 f가 전사함수이므로 $f^{-1}(U)$와 $f^{-1}(V)$가 공집합이 아니다. $U \cap V = \varnothing$이므로 $f^{-1}(U) \cap f^{-1}(V)$가 공집합이다. 이제

$$f^{-1}(U) \cup f^{-1}(V) = f^{-1}(U \cup V) = f^{-1}(Y) = X$$

이므로 X는 연결공간이 아니다. 이는 가정에 모순이므로 Y는 연결공간이어야만 한다. □

따름정리 4.1.8 X와 Y가 서로 위상동형인 공간이라 하자. X가 연결공간인 것은 Y가 연결공간인 것과 동치이다.

문제 4.1.9 위 따름정리를 증명하여라.

정리 4.1.10 Z를 위상공간 X의 조밀한 부분집합이라 하자. Z가 연결집합이면 X가 연결공간이다.

증명. A를 X에서 열린집합이고 동시에 닫힌집합인 공집합이 아닌 집합이라 하자. $A = X$임을 보이면 충분하다. Z가 X에서 조밀하므로 Z와 임의의 공집합이 아닌 열린집합은 항상 만난다. 따라서 $A \cap Z \neq \varnothing$이다. 이제 $A \cap Z$는 Z에서 열린집합이고 동시에 닫힌집합인 공집합이 아닌 Z의 부분집합이다. Z가 연결집합이므로 $A \cap Z = Z$이다. 이는 $Z \subset A$를 의미한다. 그러므로 $\overline{Z} \subset \overline{A} = A$이다. $\overline{Z} = X$이므로 $X = A$이다. □

따름정리 4.1.11 Z를 위상공간 X의 연결 부분집합이라 하자. $Z \subset Y \subset \overline{Z}$이면 Y는 연결집합이다. 특히, $\overline{Z}$이 연결집합이다.

증명. Y에서의 Z의 폐포가 Y이므로 위 정리에 의하면 Y가 연결집합이다. □

보기 4.1.12 평면 $\mathbb{R}^2$의 다음과 같은 부분집합을 고려하자.

$$Y = \{(0,y) \mid -1 \le y \le 1\}, \quad Z = \left\{\left(x, \sin\frac{\pi}{x}\right) \mid 0 < x \le 1\right\}.$$

$X = Y \cup Z$라 하면 X는 연결집합이다. 그 이유는 다음과 같다.

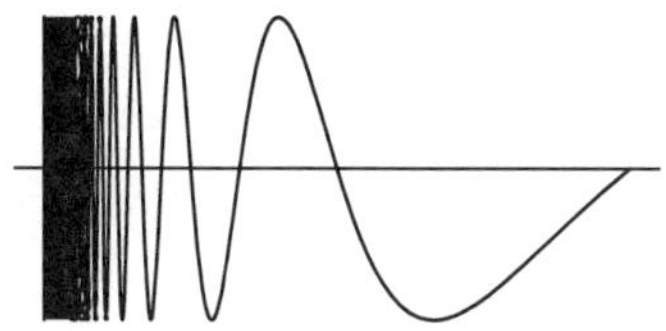

그림 4.1 위상수학자의 사인곡선

$f(x) = (x, \sin\frac{\pi}{x})$로 정의된 함수 $f : (0,1] \to Z$가 연속사상이고 $(0,1]$이 연결집합이므로 Z는 연결집합이다. 이제 $\overline{Z} = X$이므로 위 따름정리 4.1.11에 의하여 X도 연결집합이다. 참고로 X를 위상수학자의 사인곡선(topologist's sine curve)이라 부른다. ◇

정리 4.1.13 $\mathscr{F}$는 위상공간 X의 부분집합의 모임으로 $\cup_{Z\in\mathscr{F}} Z = X$라 하자. $\mathscr{F}$의 각 원이 연결집합이고 $\mathscr{F}$의 임의의 두 원의 교집합이 공집합이 아니면 X는 연결공간이다.

증명. A를 X의 열린집합이고 동시에 닫힌집합인 부분집합이라 하자. A가 공집합이거나 전체집합 X임을 보이면 된다. 임의의 $Z \in \mathscr{F}$에 대하여 $Z \cap A$가 Z에서 동시에 열린집합이고 닫힌집합이다. Z가 연결집합이므로 각각의 $Z \cap A$는 공집합이거나 Z와 같다. 만약 모든 $Z \in \mathscr{F}$에 대하여 $Z \cap A = \varnothing$이라 하면

$$A = \Big(\bigcup_{Z\in\mathscr{F}} Z\Big) \cap A = \bigcup_{Z\in\mathscr{F}} (Z \cap A)$$

이므로 A가 공집합이 된다.

어떤 $Z_0 \in \mathscr{F}$에 대하여 $Z_0 \cap A \neq \varnothing$, 즉 $Z_0 \cap A = Z_0$라면 $Z_0 \subset A$이다. Z를 $\mathscr{F}$의 임의의 원소라 하자. 만약 $Z \cap A = \varnothing$이라 하면 $Z \subset (X \setminus A)$이고 $Z_0 \subset A$이므로 $Z \cap Z_0 = \varnothing$이다. 이는 가정에 모순이므로 $Z \cap A \neq \varnothing$, 즉 $Z \cap A = Z$이다. 따라서 모든 $Z \in \mathscr{F}$에 대하여 $Z \subset A$이다. 이는 $X \subset A$를 의미하고, 이로부터 $X = A$임을 알 수 있다. □

옹골공간의 곱공간이 옹골공간이었듯이 연결공간의 곱공간도 연결공간이다.

정리 4.1.14 위상공간 X와 Y에 대하여 다음 두 명제는 동치이다.

(a) X와 Y가 연결공간이다.

(b) 곱공간 $X \times Y$가 연결공간이다.

증명. ((b) $\Longrightarrow$ (a)) 사영사상이 연속함수이므로 X와 Y가 연결공간이다.

((a) $\Longrightarrow$ (b)) (x,y)를 $X \times Y$의 임의의 점이라 하자. $\{x\} \times Y$가 Y와 위상동형이므로 $\{x\} \times Y$는 연결집합이다. 마찬가지로 $X \times \{y\}$도 연결집합이다. $Z(x,y) = (\{x\} \times Y) \cup (X \times \{y\})$라 하자. $(\{x\} \times Y) \cap (X \times \{y\}) = \{(x,y)\} \neq \varnothing$이므로 정리 4.1.13 에 의하면 $Z(x,y)$가 연결집합이다. 이제

$$X \times Y = \bigcup_{(x,y) \in X \times Y} Z(x,y)$$

이고 $Z(x,y)$ 어떤 둘도 만나므로 위 정리에 의하여 $X \times Y$가 연결공간이다. □

문제 4.1.15 다음 공간이 연결공간임을 보여라.

$$\mathbb{R}^n, \quad S^n (n \geq 1), \quad S^1 \times S^1.$$

연결공간이 아닌 공간은 연결성분이라 불리는 연결 부분집합으로 나뉘어진다.

정의 4.1.16 위상공간 X 위의 두 점 x와 y가 같은 연결집합에 속하면 $x \sim y$라 정의하자. 이때 $\sim$은 X 위의 동치관계인데 이 동치관계에 의하여 결정되는 각 동치류를 X의 **(연결)성분**((connected) component)이라 한다.

문제 4.1.17 위 정의에서 정의된 관계 $\sim$이 동치관계임을 보여라.

문제 4.1.18 위상공간 X의 연결집합 C에 대하여 다음 명제가 동치임을 보여라.

(a) C가 X의 성분이다.

(b) X의 연결집합 D가 $C \subset D$를 만족하면 $C = D$이다.

연결공간은 물론 성분의 개수가 하나이다. 하지만 이산공간의 성분의 개수는 공간의 원소의 개수와 같다.

보기 4.1.19 (a) $\mathbb{R} \setminus S^0$의 성분은 $(-\infty, -1)$, $(-1, 1)$, $(1, \infty)$로 그 성분의 수가 3 개인 반면, $n \geq 1$이면 $\mathbb{R}^{n+1} \setminus S^n$의 성분의 수는 2 개이다.

(b) 유리수집합 $\mathbb{Q}$의 각 성분은 한 점으로 이루어진다. 이처럼 한 점으로 이루어진 부분집합이 모두 성분인 공간을 **완전 비연결공간** (totally disconnected) 공간이라 한다.

◇

정리 4.1.20 위상공간의 각 성분은 닫힌집합이다.

증명. C를 X의 성분이라 하자. 정리 4.1.11 에 의하여 $\overline{C}$가 연결집합이다. 문제 4.1.18 에 의하면 $\overline{C} = C$이다. 따라서 C는 닫힌집합이다. □

정리 4.1.21 $f : X \to Y$를 위상동형사상이라 하자. C가 X의 성분이면 $f(C)$는 Y의 성분이다. 역으로, D가 Y의 성분이면 $f^{-1}(D)$는 X의 성분이다.

증명. C가 X의 성분이라 하자. f가 연속이므로 $f(C)$는 연결집합이다. 만약 $f(C)$가 Y의 성분이 아니면 $f(C) \subsetneq E$인 Y의 성분 E가 존재한다. 그런데 f^{-1}가 연속이므로 $f^{-1}(E)$는 연결집합이고 $C \subsetneq f^{-1}(E)$이다. 이는 C가 X의 성분이라는 사실에 모순이다. 따라서 $f(C)$는 Y의 성분이다. 마찬가지로 하면 두 번째 명제도 증명된다. □

위 정리에 따르면 위상동형인 두 공간은 성분의 수가 일치해야 한다. 따라서 성분의 수는 위상동형 여부를 판정하는 좋은 수단이 될 수 있다.

보기 4.1.22 평면에서 두 직선 $x = 0$와 $y = 0$으로 이루어진 공간 X와 직선 $y = 0$으로만 이루어진 공간 Y가 위상동형이 아님을 보이기로 하자(그림 4.2 참조).

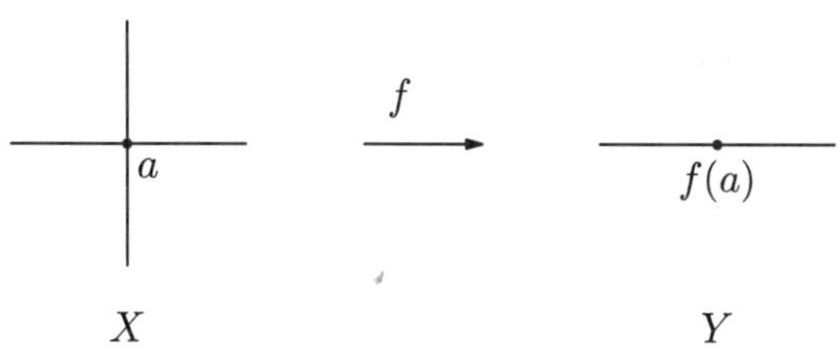

그림 4.2 위상동형이 아닌 예

위상동형사상 $f : X \to Y$가 존재한다고 가정하자. $a = (0, 0)$이라 하고 f를 $X \setminus \{a\}$로 제한하면 $X \setminus \{a\}$와 $Y \setminus \{f(a)\}$ 사이의 위상동형사상을 얻는다. 그런데 $X \setminus \{a\}$는 성분의

수가 4개이고 $Y \setminus \{f(a)\}$의 성분의 수가 2개이다. 이는 서로 위상동형인 두 공간은 성분의 수가 같다는 사실에 모순이다. 따라서 X와 Y는 위상동형이 아니다. ◇

문제 4.1.23 열린구간 $(0,1)$과 반개구간 $[0,1)$이 위상동형이 아님을 보여라.

문제 4.1.24 'A'자 공간과 'B'자 공간이 위상동형이 아님을 보여라.

4.2 길연결공간

연속사상 $\gamma : [0,1] \to X$을 X 위의 **길**(path)이라 한다. 이때, $\gamma(0)$를 γ의 시작점, $\gamma(1)$을 γ의 끝점이라 한다. 또 연속사상 $\overline{\gamma} : [0,1] \to X$를

$$\overline{\gamma}(t) = \gamma(1-t)$$

로 정의하면 $\overline{\gamma}$는 점 $\gamma(1)$에서 $\gamma(0)$로의 길이다.

정의 4.2.1 위상공간 X 위의 임의의 두 점을 연결하는 길이 있으면 X를 **길연결공간**(path-connected space)이라 한다.

$\mathbb{R}^n$의 임의의 두 점 $\mathbf{x}$와 $\mathbf{y}$는

$$\sigma(t) = (1-t)\mathbf{x} + t\mathbf{y}$$

로 정의된 연속함수인 직선 $\sigma : [0,1] \to \mathbb{R}^n$로 연결된다. 따라서 $\mathbb{R}^n$은 길연결공간이다. 앞 절에서 보았듯이 $\mathbb{R}^n$은 연결공간이다. 그럼 길연결공간과 연결공간은 어떤 관계가 있을까?

정리 4.2.2 모든 길연결공간은 연결공간이다.

증명. X를 길연결공간이라고 하자. 만약 X가 연결공간이 아니라고 가정하면 $X = U \cup V$인 서로 만나지 않고 공집합이 아닌 열린집합 U와 V가 존재한다. U와 V에서 각각 점 x와 y를 선택하자. X가 길연결공간이므로 점 x에서 y로의 길 γ가 존재한다. γ가 연속이므로 $\gamma^{-1}(U)$와 $\gamma^{-1}(V)$는 $[0,1]$에서 열린집합이다. $0 \in \gamma^{-1}(U)$, $1 \in \gamma^{-1}(V)$이므로 $\gamma^{-1}(U)$와 $\gamma^{-1}(V)$는 공집합이 아니다. 또

$$\gamma^{-1}(U \cup V) = \gamma^{-1}(X) = [0,1]$$

이고

$$\gamma^{-1}(U)\cap\gamma^{-1}(V)=\gamma^{-1}(U\cap V)=\varnothing$$

이므로 $[0,1]$은 연결공간이라는 사실에 모순이다. 따라서 X는 연결공간이다. □

위 정리의 역은 성립하지 않는다.

문제 4.2.3 보기 4.1.12의 위상수학자의 사인곡선은 길연결공간이 아님을 보여라.

연결성이 연속사상에 의하여 보존되었듯이 길연결성도 연속사상에 의하여 보존된다.

> **정리 4.2.4** $f:X\to Y$가 연속인 전사함수라 하자. X가 길연결공간이면 Y도 길연결공간이다.

증명. y_0과 y_1를 Y 위의 임의의 두 점이라 하자. f가 전사함수이므로

$$f(x_0)=y_0,\quad f(x_1)=y_1$$

인 점 $x_0,x_1\in X$가 존재한다. 또 X가 길연결공간이므로 $\gamma(0)=x_0$, $\gamma(1)=x_1$인 길 $\gamma:[0,1]\to X$가 존재한다. 이때 $f\circ\gamma$가

$$f\circ\gamma(0)=y_0,\quad f\circ\gamma(1)=y_1$$

인 Y 위의 길이므로 Y도 길연결공간이다. □

정의 4.2.5 위상공간 X 위의 두 점 x와 y에 대하여 x에서 y로의 길이 있으면 $x\sim y$라 정의하자. 이때 $\sim$은 X 위의 동치관계인데 이 동치관계에 의하여 결정되는 각 동치류를 X의 **길연결성분**(path-connected component)이라 한다.

문제 4.2.6 위 정의에서 정의된 관계 $\sim$이 동치관계임을 보여라.

문제 4.2.7 위상공간 X의 부분집합 C에 대하여 다음 명제가 동치임을 보여라.

(a) C가 길연결성분이다.

(b) D가 X의 부분집합으로 길연결집합이고 $C\subset D$이면 $C=D$이다.

보기 4.1.12 의 위상수학자의 곡선 X의 길연결성분은 Y와 Z 두 개이다. 따라서 이 공간의 경우 길연결성분과 연결성분이 다름을 알 수 있다. 그렇다면 어떤 경우에 길연결성분과 연결성분이 같을까? 다음 정리를 잘 살펴보면 이에 대한 답을 얻을 수 있다.

> **정리 4.2.8** Euclid 공간의 연결집합인 열린부분집합은 길연결집합이다.

증명. X를 Euclid 공간 $\mathbb{R}^n$의 연결집합인 열린부분집합이라 하자. X가 공집합이 아니라 가정해도 무방하다. 점 $x_0 \in X$를 선택하자. $U(x_0)$를 X 위의 길로 x_0에 연결시킬 수 있는 X 위의 점들을 모두 모아 놓은 집합이라 하자. X가 연결집합이므로 $U(x_0)$가 열린집합인 동시에 닫힌집합임을 보이면 충분하다.

먼저 $U(x_0)$가 열린집합임을 보이자. x를 집합 $U(x_0)$의 임의의 원소라 하면 $U(x_0)$의 정의에 의하여 x_0에서 x로의 X 위의 길 α가 존재한다. X가 $\mathbb{R}^n$에서 열린집합이므로 X에 포함되는 열린공 $B_r(x)$가 존재한다. 각 점 $y \in B_r(x)$에 대하여, x에서 y로의 직선을 β라 하자. 이때 $\alpha * \beta$는 x_0에서 y로의 X 위의 길이 되므로 $y \in U(x_0)$이다. 따라서 $B_r(x) \subset U(x_0)$이고, 이는 $U(x_0)$가 열린집합임을 의미한다.

$U(x_0)$가 닫힌집합임을 보이기 위하여 $X \setminus U(x_0)$가 열린집합임을 보이기로 하자. x를 $X \setminus U(x_0)$의 임의의 원소라 하자. X가 $\mathbb{R}^n$의 열린집합이므로 X에 포함되는 열린공 $B_r(x)$가 존재한다. 만약 $B_r(x) \cap U(x_0) \neq \varnothing$이라면 $B_r(x) \cap U(x_0)$에 속하는 점 y를 선택하자. $y \in U(x_0)$이므로 x_0에서 y로의 X 위의 길 α가 있고, $y \in B_r(x)$이므로 y에서 x로의 X 위의 길 β가 존재한다 (β는 직선으로 택하면 된다).

$$\alpha * \beta(t) = \begin{cases} \alpha(2t), & 0 \le t \le \frac{1}{2} \\ \beta(2t-1), & \frac{1}{2} \le t \le 1. \end{cases}$$

로 정의된 $\alpha * \beta$가 x_0에서 x로의 X 위의 길이므로 $x \in U(x_0)$이다. 이는 $x \notin U(x_0)$라는 가정에 모순이다. 따라서 $B_r(x) \cap U(x_0) = \varnothing$, 즉 $B_r(x) \subset (X \setminus U(x_0))$이다. 그러므로 $X \setminus U(x_0)$는 닫힌집합이다. □

위 정리의 증명을 잘 살펴보면 Euclid 공간의 연결집합인 열린집합 X가 길연결집합이 되는 가장 큰 이유는 X가 다음 정의에 나오는 성질을 갖고 있기 때문이다.

정의 4.2.9 위상공간 X의 각 점 x와 x의 임의의 근방 U에 대하여 U에 포함되고 길연결집합인 x의 근방 V가 존재하면 X를 **국소 길연결공간**(locally path-connected space)이라 한다.

문제 4.2.10 $\mathbb{R}^n$의 임의의 열린집합은 국소 길연결공간이나 위상수학자의 사인 곡선은 국소 길연결공간이 아님을 보여라.

정리 4.2.8의 증명을 따라 하면 다음 문제를 해결할 수 있다.

문제 4.2.11 X를 연결공간이라 하자. X가 국소 길연결공간이라면 X는 길연결공간임을 보여라.

$f: X \to Y$가 위상동형사상이라 하자. C가 X의 길연결성분이면 $f(C)$도 길연결성분이다. 따라서 X와 Y가 서로 위상동형인 공간이면 X와 Y의 길연결성분의 수는 같다. 이 사실을 이용하면 연결성과 마찬가지로 길연결성은 위상공간을 구분하는 중요한 수단이 될 것이다.

문제 4.2.12 $A = \{(0,y) \mid -1 \le y \le 1\}$, $B = \{(x, \sin\frac{\pi}{x}) \mid 0 < x \le 1\}$, $C = \{(x,y) \mid x^2 + y^2 = 4, x \ge 0, y \ge 0\}$, $D = \{(x,y) \mid 1 \le x \le 2, y = 0 \text{ or } x = 0, 1 \le y \le 2\}$라 할 때, $X = A \cup B \cup C \cup D$, 즉 위상수학자의 사인곡선에 사분원을 더한 공간과 원 $Y = \{(x,y) \mid x^2 + y^2 = 1\}$이 서로 위상동형이 아님을 보여라.

연습문제

1. S^n $(n > 0)$이 길연결공간임을 보여라. 또 이로부터 S^n이 연결공간임을 보여라.

2. X가 평면에서 적어도 한 좌표가 유리수인 점을 모두 모아놓은 집합이라 하자. $\mathbb{R}^2$의 부분공간으로서 X가 연결공간인가? 또 X는 길연결공간인가?

3. 실수집합에 유한여집합위상이 주어진 공간을 X라 하자. X의 성분과 길연결성분을 모두 구하여라.

4. $\mathbb{R}_l$의 성분과 길연결성분을 모두 구하여라.

5. 원 S^1은 실수공간 $\mathbb{R}$의 어떤 부분공간과도 위상동형이 아님을 보여라.

6. 연속사상 $f: S^1 \to \mathbb{R}$ 에 대하여 $f(x) = f(-x)$ 를 만족하는 점 $x \in S^1$ 이 존재함을 보여라.

7. X의 성분이 유한개이면 각 성분은 열린집합임을 보여라. 또 모든 성분이 열린집합이 아닌 위상공간의 예를 하나 들어라.

8. $f: [a,b] \to \mathbb{R}$ 이 $f(a) < f(b)$ 를 만족하는 연속사상이라 하자.
$f(a) < r < f(b)$ 인 실수 r에 대하여 $f(c) = r$이 되는 점 c가 a와 b 사이에 존재함을 보여라.

9. 위상공간 X가 다음 조건을 만족한다 하자.

임의의 연속사상 $f: X \to X$ 에 대하여 $f(x_0) = x_0$ 인 점 $x_0 \in X$가 존재한다.

그러면 X는 연결집합임을 보여라.

10. 다음 두 공간이 위상동형이 아님을 보여라.

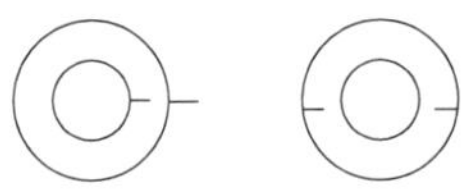

11. 위상공간 X의 각 점 x와 x의 임의의 근방 U에 대하여 $V \subset U$ 인 연결집합인 x의 근방 V가 존재하면 X를 **국소 연결공간**(locally connected space)이라 한다. Euclid 공간의 열린 부분집합은 국소 연결공간임을 보여라. 그러나 $\mathbb{R}$의 부분공간 $\{0\} \cup \{1/n \mid n = 1, 2, \cdots\}$ 이 국소 연결공간이 아님을 보여라.

12. 국소 연결공간의 위상동형사상에 의한 상은 국소 연결공간이나 연속사상에 의한 상은 국소 연결공간이 아님을 보여라.

13. 위상공간 X에 대한 다음 두 명제가 동치임을 보여라.

(a) X는 국소 연결공간이다.
(b) X의 임의의 열린집합의 모든 연결성분은 열린집합이다.

또 이로부터 국소 연결공간의 모든 성분은 열린집합임을 확인하여라.

14. 두 길연결공간의 곱공간은 길연결공간임을 보여라.

15. $A=\{0\}\cup\{1/n\mid n=1,2,\cdots\}$이고 $X=A\times[0,1]\cup\{(x,0)\mid 0\le x\le 1\}$이라 하자(그림 4.3 참조). X가 길연결공간이나 국소 길연결공간은 아님을 보여라.

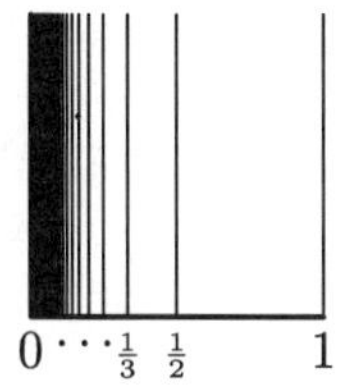

그림 4.3 빗공간(Comb space)

5

상공간과 곡면

도너츠의 표면인 원환체(torus)는 사각형의 마주보는 변을 붙여 얻을 수 있다. 이렇게 원환체를 얻는 작업은 '상위상(quotient topology)'이란 개념을 이용하여 수학적으로 표현할 수 있다. 기본적으로 원환체의 위상은 사각형에 주어진 보통위상과 밀접한 관계가 있는데, 두 위상 사이의 관계가 '상사상(quotient map)'이란 도구를 이용하여 설명된다. 이를 다른 관점에서 보면 상위상 개념은 주어진 위상공간(사각형)으로부터 새로운 위상공간(원환체)을 만드는 한 가지 방법이다. 원환체와 같은 옹골곡면은 원판의 상공간으로 표현할 수 있는데 이는 곡면을 이해하는 데 매우 중요한 역할을 한다.

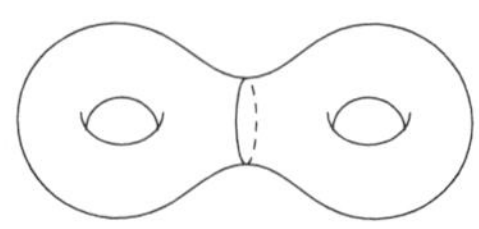

5.1 상위상

단위 닫힌구간 $[0,1]$의 양 끝 점을 붙이면 단위원 S^1을 얻는다 (그림 5.1 참조).

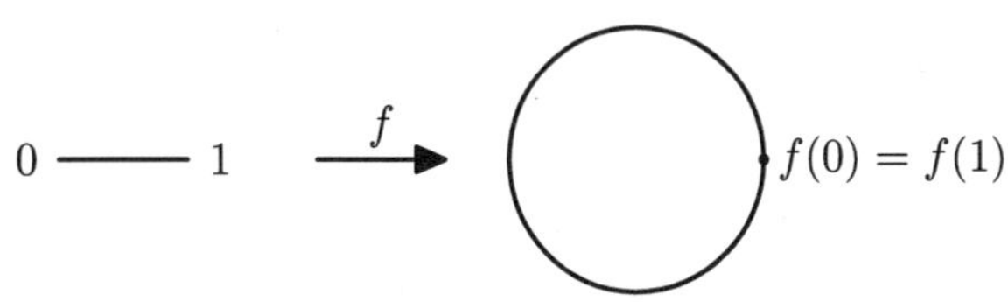

그림 5.1 원

위 사실을 수학적으로 어떻게 표현할 수 있을까? 먼저 전사함수인 연속함수

$$f:[0,1]\to S^1, \qquad f(t)=(\cos 2\pi t, \sin 2\pi t)$$

가 존재함을 주목하자. 이 함수는 구간 $[0,1]$로 단위원 S^1을 연속적으로 휘감는 과정

을 잘 표현하는 함수임을 쉽게 알 수 있다. 따라서 이 함수는 0과 1의 상인 점 $(1,0)$을 제외한 점을 포함하는 충분히 작은 연결된 열린집합은 그 역상이 $[0,1]$ 내부의 열린구간 (a,b), (단, $0<a<b<1$) 형태이고 점 $(1,0)$을 포함하는 충분히 작은 연결된 열린집합은 그 역상이 $[0,a)\cup(b,1]$ (단, $0<a<b<1$) 형태이다. 그러므로 $f^{-1}(U)$가 열린집합이 되는 단위원 S^1의 부분집합 U의 모임이 단위원 S^1의 열린집합의 모임과 일치함을 알 수 있다.

이제 f를 이용하여 $[0,1]$ 위의 동치관계(equivalence relation)를 다음과 같이 정의하자.

$$t_1 \sim t_2 \Longleftrightarrow f(t_1)=f(t_2).$$

이때, 이 동치관계에 의하여 결정되는 상집합과 상사상을 각각 $[0,1]/\sim$ 과 $q:[0,1]\to[0,1]/\sim$이라 하자. $q^{-1}(V)$가 열린집합인 부분집합 V의 모임이 $[0,1]/\sim$의 열린집합의 모임이 되도록 하면 $[0,1]/\sim$과 S^1은 위상동형이 됨을 어렵지 않게 짐작할 수 있다. 이와 같이 구간의 양 끝점을 붙이는 작업은 구간에 적절한 동치관계를 정의하고 이 동치관계에 의하여 결정되는 상집합에 적절한 위상을 정의하는 과정으로 설명할 수 있다.

이제 위에 언급한 내용을 정밀하게 정의하여 보자. 주어진 위상공간 X에 동치관계 $\sim$이 주어져 있고, 이 동치관계에 의하여 정해지는 상사상을

$$q:X\to X/\sim,\qquad q(x)=[x]$$

이라 하자(여기서 $[x]$는 x를 포함하는 동치류(equivalence class)를 나타낸다). $q^{-1}(U)$가 열린집합인 상집합 $X/\sim$의 부분집합 U의 모임이 $X/\sim$ 위의 위상이 됨을 보일 수 있다. 이 위상을 상집합 $X/\sim$의 **상위상**(quotient topology 또는 identification topology)이라 한다. 또 이 위상을 지닌 상집합 $X/\sim$을 **상공간**(quotient space 또는 identification space)이라 한다. 앞으로 별다른 언급이 없으면 상집합에는 상위상이 주어진 것으로 가정한다. 이 정의를 다시 한번 쓰면 다음과 같다.

$$U\text{가 } X/\sim \text{ 에서 열린집합} \Longleftrightarrow q^{-1}(U)\text{가 } X\text{에서 열린 집합.}$$

문제 5.1.1 상사상 $q:X\to X/\sim$이 연속이 되는 상집합 $X/\sim$의 위상 중 가장 큰 것은 상위상임을 보여라.

상공간에서 정의된 함수의 연속성을 확인하는 데 아주 유용한 정리를 하나 소개하기로 하자.

정리 5.1.2 임의의 상사상 $q:X\to X/\sim$, 위상공간 Z와 함수 $f:X/\sim\to Z$에 대하여 다음 두 명제는 동치이다.

(a) f가 연속이다.

(b) $f\circ q:X\to Z$가 연속이다.

증명.

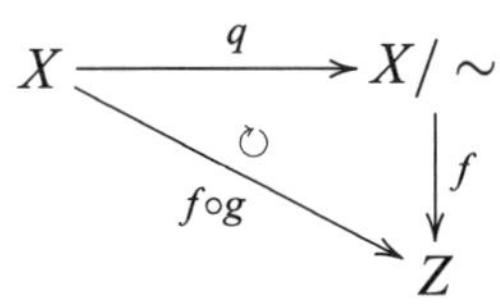

((a) $\Longrightarrow$ (b)) 연속함수의 합성함수이므로 $f\circ q$가 연속함수이다.

((b) $\Longrightarrow$ (a)) U를 Z에서 임의의 열린집합이라 하자. 먼저

$$(f\circ q)^{-1}(U)=q^{-1}(f^{-1}(U))$$

이고 $f\circ q$가 연속함수이므로 $q^{-1}(f^{-1}(U))$가 X에서 열린집합이다. $X/\sim$가 상공간이므로 $f^{-1}(U)$가 열린집합이다. 따라서 f가 연속함수이다. □

상사상 $q:X\to X/\sim$과 연속사상 $g:X\to Z$에 대하여 $\tilde{g}\circ q=g$를 만족하는 사상 $\tilde{g}:X/\sim\to Z$가 정의될 필요충분조건은 $q(x_1)=q(x_2)$인 x_1,x_2에 대하여 $g(x_1)=g(x_2)$이 되는 것이다. 이 조건을 만족하는 연속사상 g에 대하여 $\tilde{g}([x])=g(x)$라 정의하면, 정리 5.1.2 에 의하여 $\tilde{g}$는 연속사상이 된다. 따라서 다음 정리를 얻는다.

정리 5.1.3 상사상 $q:X\to X/\sim$과 연속사상 $g:X\to Z$이 조건

$$q(x_1)=q(x_2)\text{ 이면 } g(x_1)=g(x_2)\text{ 이다.}$$

을 만족하면 $\tilde{g}\circ q=g$를 만족하는 연속사상 $\tilde{g}:X/\sim\to Z$가 유일하게 존재한다.

조건 $\tilde{g}\circ q=g$를 다음과 같은 다이어그램으로 표현한다.

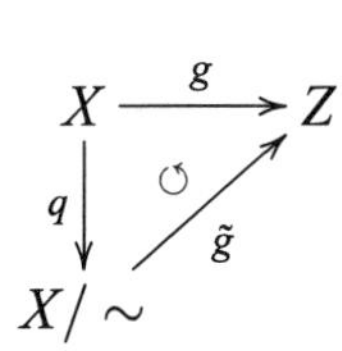

위와 같은 다이어그램을 가환(commutative) 다이어그램이라 한다. 이 다이어그램은 상사상과 관련하여 상황을 인식하는 데 큰 도움이 된다.

정의 5.1.4 $f: X \to Y$가 조건

$$V\text{가 } Y\text{에서 열린집합} \iff f^{-1}(V)\text{가 } X\text{에서 열린집합}$$

을 만족하는 연속인 전사함수라면 f를 **상사상**(quotient map 또는 identification map)이라 한다.

문제 5.1.5 함수 $f: X \to Y$에 대하여 다음 두 명제는 동치임을 보여라.

(a) U가 Y에서 열린집합 $\iff f^{-1}(U)$가 X에서 열린집합

(b) C가 Y에서 닫힌집합 $\iff f^{-1}(C)$가 X에서 닫힌집합

임의의 상사상 $f: X \to Y$에 대하여 다음과 같이 동치관계를 정의하자.

$$x_1 \sim x_2 \iff f(x_1) = f(x_2).$$

이 동치관계에 의하여 결정되는 상공간을 Y_*, 상사상을

$$q: X \to Y_*$$

라 하면 다음 정리가 성립한다.

정리 5.1.6 임의의 상사상 $f: X \to Y$에 대하여 다음이 성립한다.

(a) 다음 두 조건은 동치이다.

- $g: Y \to Z$가 연속함수이다.
- 합성함수 $g \circ f: X \to Z$가 연속이다.

(b) $Y_* \cong Y$.

증명. (a)의 증명은 정리 5.1.2와 같다.

((b)의 증명) 각 $[x] \in Y_*$ 에 대하여 $h([x]) = f(x)$ 로 사상 $h : Y_* \to Y$ 를 정의하자.

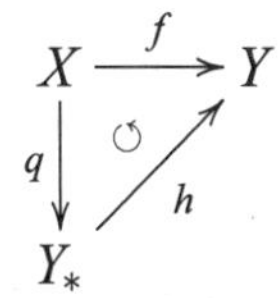

여기서 $[x]$는 x의 동치류를 나타낸다. $x_1 \sim x_2$ 이면 $f(x_1) = f(x_2)$ 이므로 h는 잘 정의된다. f가 전사함수이므로 h도 전사함수이다. 또 $f(x_1) = f(x_2)$ 이면 $x_1 \sim x_2$ 이므로 h가 단사함수이다. h가 전단사함수이므로 역함수 $h^{-1} : Y \to Y_*$ 가 존재한다. 이제 h와 h^{-1}가 연속임을 보이면 증명이 끝난다.

$h \circ q = f$가 연속이므로 정리 5.1.2 에 의하여 h가 연속이다. 또 (a) 에 의하여 h^{-1}도 연속이다. □

상사상에는 어떤 종류의 함수가 있을까? 다음 두 정리는 이 질문에 대한 부분적인 답이다.

> **정리 5.1.7** 함수 $f : X \to Y$를 연속인 전사함수라 하자. 만약 f가 열린사상(open map) 또는 닫힌사상(closed map)이면 f는 상사상이다.

증명. f가 열린사상일 경우에만 증명하기로 하자. 닫힌사상의 경우는 문제 5.1.5 를 이용하면 쉽게 증명할 수 있다. U가 $f^{-1}(U)$가 열린집합인 Y의 부분집합이라 하자. f가 전사함수이므로

$$f(f^{-1}(U)) = U$$

이다. f가 열린사상이므로 U가 열린집합이다. □

> **따름정리 5.1.8** $f : X \to Y$가 연속인 전사함수라 하자. X가 옹골집합이고 Y가 Hausdorff 공간이면 f는 상사상이다.

증명. 위 정리에 따르면 f가 닫힌사상임을 보이면 충분하다. C를 X의 임의의 닫힌집합이라 하자. X가 옹골공간이므로 C가 옹골집합이다. 따라서 f가 연속이므로 $f(C)$가 옹골집합이다. $f(C)$는 Hausdorff 공간 Y의 옹골부분집합이므로 $f(C)$는 닫힌집합이다. 그러므로 f는 닫힌사상이다. □

이제 상공간의 예를 살펴보기로 하자.

보기 5.1.9 함수 $f:\mathbb{R}\to S^1$ 를

$$f(t)=(\cos 2\pi t, \sin 2\pi t)$$

로 정의하자. f는 열린사상임을 쉽게 보일 수 있다 (열린구간의 f에 의한 상은 열린집합이다). 따라서 f는 상사상이다. 이제 $\mathbb{R}$에 동치관계를 다음과 같이 정의하자.

$$t_1 \sim t_2 \iff t_1 - t_2 \in \mathbb{Z}.$$

그러면 $t_1 \sim t_2 \iff f(t_1)=f(t_2)$ 임을 알 수 있다. 정리 5.1.6 에 의하여

$$\mathbb{R}/\sim \,\cong S^1$$

임을 알 수 있다. ◇

문제 5.1.10 함수 $f:[0,1]\to S^1$ 를

$$f(t)=(\cos 2\pi t, \sin 2\pi t)$$

로 정의하자.

(a) f가 상사상임을 보여라.

(b) $[0,1]$ 위의 동치관계

$$t_1 \sim t_2 \iff t_1 = t_2 \text{ 또는 } \{t_1,t_2\}=\{0,1\}$$

에 대하여 $[0,1]/\sim\,\cong S^1$ 임을 보여라. 또 $[0,1]$의 양 끝점 0과 1을 붙이면 단위원 S^1 을 얻음을 이해하여라.

보기 5.1.11 좌표공간 $\mathbb{R}^3$ 에서 yz-평면 위의 원 $C:(y-2)^2+z^2=1$을 z축을 중심으로 한바퀴 회전시키면 **원환체**(torus)를 얻는다. 이 원환체를 T라 하자.

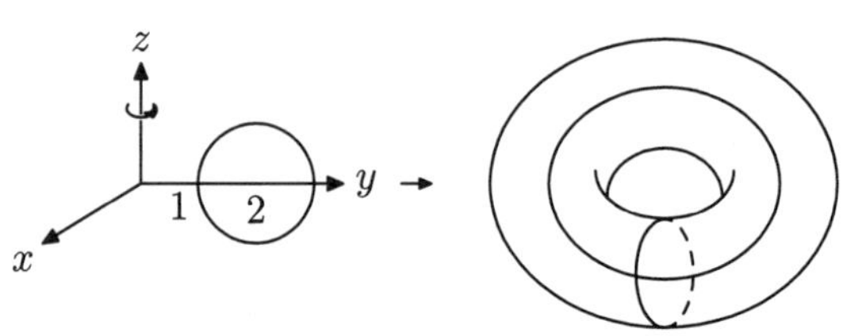

그림 5.2 원환체

정사각형 $[0,1]\times[0,1]$ 에서 $\mathbb{R}^3$ 로 가는 함수 f를

$$f(u,v) = ((2+\cos 2\pi u)\cos 2\pi v,\ (2+\cos 2\pi u)\sin 2\pi v, \sin 2\pi u)$$

로 정의하면 그 상은 T가 된다. $[0,1]\times[0,1]$ 이 옹골집합이고 T가 Hausdorff 공간이므로 f는 상사상이다. (u_1,v_1)과 (u_2,v_2)가 동시에 다음 중 한 집합에 속하면 $(u_1,v_1)\sim(u_2,v_2)$라 정의하자.

(a) $\{(0,0),(1,0),(0,1),(1,1)\}$;

(b) $\{(u,0),(u,1)\},\ 0<u<1$;

(c) $\{(0,v),(1,v)\},\ 0<v<1$;

(d) $\{(u,v)\},\ 0<u,v<1$.

이때 $\sim$은 동치관계이다. 약간의 계산을 하면 다음을 얻는다.

$$f(u_1,v_1) = f(u_2,v_2) \iff (u_1,v_1)\sim(u_2,v_2).$$

정리 5.1.6 에 의하면

$$([0,1]\times[0,1])/\sim\ \cong T$$

가 성립한다. 이는 정사각형의 마주보는 변을 붙이면 원환체를 얻는다는 것을 의미한다. ◇

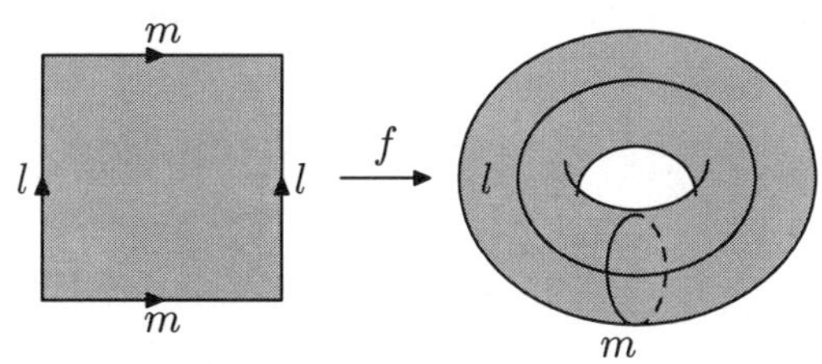

그림 5.3 정사각형에서 원환체 얻기

문제 5.1.12 S^1 을 복소평면 $\mathbb{C}$ 위의 중심이 원점인 단위원이라 하고 함수

$$f : [0,1]\times[0,1] \longrightarrow S^1\times S^1$$

을 다음과 같이 정의하자.

$$f(x,y) = (e^{2\pi ix}, e^{2\pi iy}).$$

f가 상사상이 되고 $\sim$을 위 보기에서 정의된 동치관계라 할 때

$$([0,1]\times[0,1])/\sim\ \cong S^1\times S^1$$

임을 보여라.

보기 5.1.13 n차원 구면 S^n 위에 동치관계

$$x \sim y \iff x = \pm y$$

를 정의하자. 이 동치관계에 의하여 정의된 상공간 $S^n/\sim$을 n차원 **사영공간**(projective space)이라 하고 $\mathbb{P}^n$ 으로 표시한다. 특히 $n=2$ 일 경우인 $\mathbb{P}^2$ 를 **사영평면**(projective plane)이라 한다. ◇

문제 5.1.14 다음의 상공간은 모두 사영공간임을 보여라.

(a) $(\mathbb{R}^{n+1} \setminus \{\mathbf{0}\})/\sim$, $x \sim y \Leftrightarrow y = \lambda x$, 단 λ 은 0이 아닌 상수, 즉 원점을 지나는 직선을 한 점으로 간주하여 $\mathbb{R}^{n+1} \setminus \{\mathbf{0}\}$ 로부터 얻은 상공간.

(b) $B^n/\sim$, $x \sim y \Leftrightarrow x = y$ 또는 $x, y \in \partial B^n$ 일 때 $x = -y$, 즉 경계 구면에 있는 대척점(antipodal point)을 같은 점으로 간주하여 얻은 상공간.

지금부터 Möbius 띠를 얻는 방법에 대하여 설명하기로 하자. C를 xy-평면 위의 원 $x^2+y^2=4$라 하고 l을 yz-평면 위의 선분 $y=2$, $-1 \le z \le 1$ 이라 하자. 선분 l의 중점 M이 원 C를 따라 각 u만큼 움직였을 때 l이 $u/2$만큼 xy-평면으로부터 회전하는 방식으로 l이 움직인다. M이 원 C를 한바퀴 돌았을 때 l이 지나는 자취를 Möbius 띠라 한다(그림 5.4 참조).

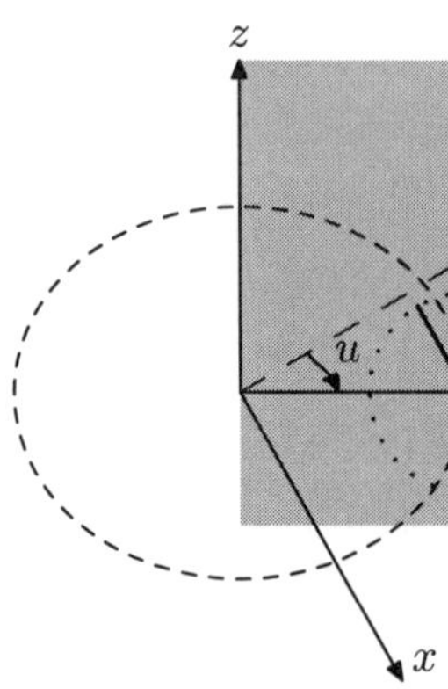

그림 5.4 Möbius 띠 얻기

이 Möbius 띠는

$$f(u,v) = ((2 - v\sin\frac{u}{2})\sin u,\ (2 - v\sin\frac{u}{2})\cos u, v\cos\frac{u}{2})$$

으로 정의된 함수 $f:[0,2\pi]\times[-1,1]\to\mathbb{R}^3$의 상이 된다. 이 경우 $[0,2\pi]\times[-1,1]$이 옹골집합이고 Möbius 띠($\subset\mathbb{R}^3$)가 Hausdorff 공간이므로 f는 상사상이 되고, $f(u_1,v_1)=f(u_2,v_2)$는 (u_1,v_1)과 (u_2,v_2)가 동시에 다음 중 한 집합에 속하는 것과 동치이다.

(a) $\{(u,v)\}$, $0<u<2\pi$, $-1\le v\le 1$;

(b) $\{(0,v),(2\pi,-v)\}$, $-1\le v\le 1$.

따라서 $(u_1,v_1),(u_2,v_2)$가 동시에 위에 언급한 집합 중 하나에 속할 때 $(u_1,v_1)\sim(u_2,v_2)$라 정의하면

$$[0,2\pi]\times[-1,1]/\sim$$

이 Möbius 띠와 위상동형이 된다. 즉, 사각형의 마주보는 한 변을 반회전한 뒤 붙이면 Möbius 띠이다 (그림 5.5 참조).

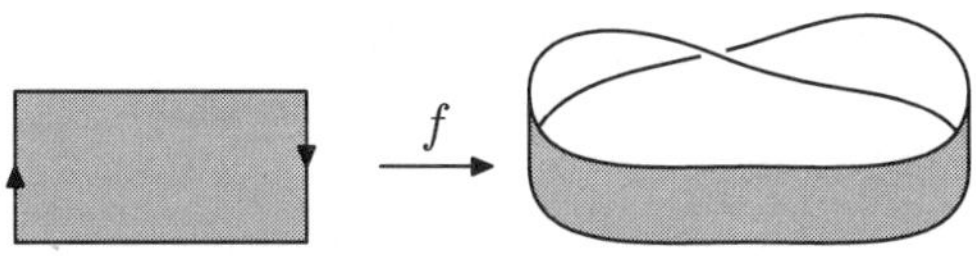

그림 5.5 Möbius 띠

이제 상공간을 만드는 몇 가지 특별한 방법을 다루어 보자. 그 첫 번째 방법은 주어진 위상공간의 어떤 부분집합을 한 점으로 간주하여 상공간을 얻는 방법이다. X를 위상공간이라 하고 A를 X의 부분집합이라 하자. X 위에 다음과 같이 동치관계를 정의하자.

$$x_1\sim x_2 \iff x_1=x_2 \text{ 또는 } x_1,x_2\in A$$

이 동치관계에 의하여 결정되는 상공간 $X/\sim$을 X/A로 표시하기로 하자.

보기 5.1.15 B^n/S^{n-1}는 S^n과 위상동형이다. 그 이유는 다음과 같다.

먼저 $B^n=\{x\in\mathbb{R}^n \mid |x|\le 1\}$, $S^{n-1}=\{x\in\mathbb{R}^n \mid |x|=1\}$임을 다시 한번 기억하자. 또한 $B^n\setminus S^{n-1},\mathbb{R}^n,S^n\setminus\{N\}$은 모두 위상동형임을 우리는 알고 있다 ($N$은 S^n의 북극점). 적당한 위상동형사상 $g:B^n\setminus S^{n-1}\to S^n\setminus\{N\}$를 선택하고 이를 이용하여 다음과 같이 함수 $f:B^n\to S^n$을 정의하자.

$$f(x)=\begin{cases} g(x), & x\in B^n\setminus S^{n-1} \\ N, & x\in S^{n-1}. \end{cases}$$

이때 함수 f는 연속임을 쉽게 알 수 있다. B^n이 옹골집합이고 S^n이 Hausdorff 공간이므로 f는 상사상이다. 또 다음이 성립함을 쉽게 알 수 있다.

$$f(x_1) = f(x_2) \iff x_1 = x_2 \text{ 또는 } x_1, x_2 \in S^{n-1}.$$

따라서 정리 5.1.6에 의하여

$$B^n/S^{n-1} \cong S^n$$

가 성립한다. ♢

문제 5.1.16 $X = [0,3]$이고 $A = \{0\} \cup [1,2] \cup \{3\}$일 때 X/A는 어떤 공간인가?

상공간을 만드는 두 번째 방법을 소개하기로 하자.

정의 5.1.17 X는 위상공간이고 $I = [0,1]$이라 하자. $(x_1,t_1), (x_2,t_2)$가 동시에 다음 중 한 집합에 속하면 $(x_1,t_1) \sim (x_2,t_2)$라 정의하자.

(a) 집합 $X \times \{1\}$;

(b) 집합 $\{(x,t)\}$, 단 $x \in X$, $0 \le t < 1$.

이때 $\sim$은 $X \times I$ 위의 동치관계이며 상공간 $X \times I/\sim$을 X 위의 **원뿔** (cone over X)이라 하고 CX로 표시하기로 하자.

정의 5.1.18 X를 $\mathbb{R}^n$의 옹골부분집합이고 $v = (0, \cdots, 0, 1) \in \mathbb{R}^{n+1}$이라 하자. 이때 집합

$$GX := \{p \in \mathbb{R}^{n+1} \mid p = tv + (1-t)x, x \in X, t \in I\}$$

를 X 위의 **기하적 원뿔**이라 한다.

보기 5.1.19 $X = I$이면 GX는 삼각형으로 원판 B^2과 위상동형이다. 또 $X = B^2$이면 GX는 원뿔로 공 B^3와 위상동형이다. 한편 $X = S^1$이면 GX는 원뿔의 옆면이므로 원판 B^2와 위상동형이다. ♢

정리 5.1.20 X를 $\mathbb{R}^n$의 옹골부분집합이라 하자. X 위의 원뿔 CX는 X 위의 기하적 원뿔 GX와 위상동형이다.

증명. 함수 $f: X \times I \to GX$를 다음과 같이

$$f(x,t) = tv + (1-t)x,\ x \in X,\ t \in I,$$

로 정의하면 f는 연속인 전사함수가 되며, $X \times I$가 옹골공간이고 GX가 Hausdorff 공간이므로 f는 상사상이 된다. 또 함수 f는 다음을 만족한다.

$$f(x,t) = f(x',t') \iff (x,t) = (x',t') \text{ 또는 } t = t' = 1.$$

따라서 $\sim$을 CX를 정의할 때 쓰인 동치관계라면,

$$(x,t) \sim (x',t') \iff f(x,t) = f(x',t')$$

이다. 정리 5.1.6 에 의하여 CX는 GX와 위상동형이다. □

보기 5.1.21 위 정리와 보기에 의하여 CI는 원판 B^2와 CB^2는 공 B^3와 CS^1은 원판과 각각 위상동형이다. ◇

문제 5.1.22 X가 두 점으로 이루어진 이산공간(discrete space)일 때, CX는 어떤 공간인가?

이제 상공간을 만드는 세 번째 방법을 소개하기로 하자.

정의 5.1.23 X와 Y는 위상공간, A는 Y의 부분공간이고 $f: A \to X$가 연속함수라 하자. $X+Y$를 X와 Y가 서로 만나지 않도록하는 X와 Y의 합집합이라 하고 $X+Y$에 다음과 같이 동치관계를 정의하자. $X+Y$의 두 점이 다음 중 한 집합에 속하면 동치이다.

(a) $\{a, f(a)\},\ a \in A;$

(b) $\{y\},\ y \in Y \setminus A;$

(c) $\{x\},\ x \in X \setminus f(A).$

이 동치관계에 의하여 정의된 상공간을 f를 통해 X를 Y에 붙여 얻은 공간(attaching space)이라 하고 $X \cup_f Y$로 표시한다.

보기 5.1.24 $X=\{a\}, Y=[0,1], A=\{0,1\}$ 이고 $f:A\to X$ 를 $f(0)=a, f(1)=a$ 로 정의하자. $X\cup_f Y$ 는 원 S^1 과 위상동형이다. ◇

우리가 다음 절에서 보이겠지만 X가 Möbius 띠, Y가 원판 B^2 이고 A가 B^2 의 경계인 S^1 일 때, $X\cup_f Y$ 는 사영평면 $\mathbb{P}^2$ 이다. 또 X가 8자 모양의 공간, Y가 원판이고 A가 Y의 경계인 원일 때, $X\cup_f Y$ 는 원환체 T 이다.

연습문제

1. $X=[0,1]\cup(2,3], Y=[0,2]$ 이고 함수 $f:X\to Y$ 가 다음과 같이 정의되어 있다.

$$f(x)=\begin{cases} x, & x\in[0,1] \\ x-1, & x\in(2,3] \end{cases}$$

f 는 상사상인가?

2. 상사상의 합성함수는 상사상임을 보여라.

3. 다음 주어진 상공간이 무엇인지 밝혀라.

   (a) $X=\{1,2,3\}$ 는 $\mathscr{T}=\{\varnothing,X,\{1,2\},\{3\}\}$ 를 위상으로 하는 위상공간이다.

   $$x\sim y \Leftrightarrow x-y\equiv 0 \pmod 2$$

   일 때, $X/\sim$

   (b) $X=S^2$ 이고 A가 X의 대원(great circle)일 때, X/A

   (c) $X=T$ 이고 A가 경선 m과 위선 l의 합일 때, X/A (그림 5.3 참조)

   (d) $X=S^1\times I$ 이고 $(x_1,t_1)\sim(x_2,t_2) \Leftrightarrow (x_1,t_1)=(x_2,t_2)$ 이거나 $t_1=t_2=0$ 또는 $t_1=t_2=1$ 으로 정의할 때, $X/\sim$

   (e) $X=D^2$ 이고 $x\sim y \Leftrightarrow x=\pm y$ 일 때, $X/\sim$

   (f) $X=S^1, Y=B^2, A=S^1=\partial B^2\subset B^2$ 이고 $f:A\to X$ 가

   $$f(x,y)=(x^2-y^2,2xy)$$

   일 때, $X\cup_f Y$

   (g) CS^2

4. 함수 $f : S^2 \to \mathbb{R}^4$ 를

$$f(x,y,z) = (x^2 - y^2, xy, xz, yz)$$

로 정의하자. 함수 f 를 이용하여 사영평면 P^2 의 $\mathbb{R}^4$ 속으로 겹침없이 집어넣기(embedding)

$$\tilde{f} : P^2 \to \mathbb{R}^4$$

를 유도하여라.

5. 함수 $f : [0,2\pi] \times [0,\pi] \to \mathbb{R}^5$ 를

$$f(x,y) = (\cos x, \cos 2y, \sin 2y, \sin x \cos y, \sin x \sin y)$$

로 정의하자. 함수 f 를 이용하여 Klein 병 K 의 $\mathbb{R}^5$ 속으로 겹침없이 집어넣기

$$\tilde{f} : K \to \mathbb{R}^5$$

를 유도하여라.

6. $\mathbb{R}$ 위에 동치관계를 다음과 같이 정의하자.

$$x \sim y \Leftrightarrow x - y \in \mathbb{Q}$$

상공간 $\mathbb{R}/\sim$ 이 밀착공간(indiscrete space)임을 보여라. 따라서 Hausdorff 공간의 상공간은 Hausdorff 공간이 아닐 수도 있음을 보여라.

7. X 가 Möbius 띠이고 A 가 그 경계일 때, X/A 는 어떤 공간일까?

8. X 를 옹골인 Hausdorff 공간이라 하자.

   (a) CX 와 $X \times [0,1)$ 의 한 점 옹골화(one-point compactification)가 서로 위상동형임을 보여라.

   (b) A 가 X 의 닫힌부분집합이면 X/A 는 $X \setminus A$ 의 한 점 옹골화와 위상동형임을 보여라.

5.2 곡 면

위상공간 M이 가산기저를 갖고 Hausdorff 공간으로 각 점에 대하여 그 점을 포함하는 근방 중 $\mathbb{R}^n$ 또는 $\mathbb{H}^n := \{(x_1,\cdots,x_n) \in \mathbb{R}^n \mid x_n \geq 0\}$과 위상동형인 것이 있으면 M을 n차원 **다양체**(manifold)라 한다. 특히 M을 $n=1$이면 **곡선**, $n=2$이면 **곡면**이라 부른다. M의 모든 점이 $\mathbb{R}^n$과 위상동형인 근방을 지니면 M을 **경계가 없는** 다양체라 하고, 그렇지 않으면 **경계가 있는** 다양체라 한다. M이 경계가 있는 다양체이면 M의 각 점은 $\mathbb{R}^n$과 위상동형인 근방을 갖는 점이거나 $\mathbb{H}^n$과 위상동형인 근방을 갖는 점이다. $\mathbb{R}^n$과 위상동형인 근방을 갖는 점들의 모임을 M의 **내부**라 하고 $\mathrm{int}(M)$ (또는 M°)으로 표시한다. 또 $\mathbb{H}^n$과 위상동형인 근방을 갖는 점들의 모임을 M의 **경계**라 하고 ∂M으로 표시한다. M이 n차원 다양체이면 ∂M은 $(n-1)$차원 다양체이다. 여기서 정의된 내부와 경계는 정의 1.5.10에서 정의된 내부와 경계와는 다른 개념이다. 전통적으로 두 개념은 혼동할 가능성이 없어 같은 이름을 사용한다. 우리도 이 전통에 따르기로 한다. 다만, 정의 1.5.10에서 정의된 내부는 대문자로 시작된 Int, 이 절에서 정의된 다양체의 내부는 소문자로 시작된 int를 쓰기로 한다. 마찬가지로 경계의 경우도 각각 $\mathrm{Fr}(M)$과 ∂M으로 표시하기로 하자. 한편 대수적 위상수학의 방법을 이용하면 $m \neq n$이면 $\mathbb{R}^m$과 $\mathbb{R}^n$은 위상동형이 아님을 보일 수 있다(Invariance of domain 정리). 따라서 다양체의 차원은 잘 정의된다. 우리는 이미 앞 절에서 다양체의 예를 많이 보았다.

[보기] 5.2.1 실수공간 $\mathbb{R}$과 단위원 S^1은 경계가 없는 1차원 다양체이다. $\mathbb{R}$이 경계가 없는 1차원 다양체인 것은 자명하다. S^1이 1차원 다양체임은 다음과 같이 보일 수 있다. S^1이 가산기저를 갖고 Hausdorff 공간인 $\mathbb{R}^2$의 부분공간이므로 S^1도 가산기저를 갖고 Hausdorff 공간이다. (x_0,y_0)를 S^1의 임의의 점이라 하자. $x_0^2+y_0^2=1$이므로 $x_0 \neq 0$ 또는 $y_0 \neq 0$이다. $x_0 \neq 0$이라 가정하자. 그러면 $x_0 > 0$ 또는 $x_0 < 0$이다. 어느 경우나 마찬가지이므로 $x_0 > 0$이라 가정하고 (x_0,y_0)를 포함하는 근방으로 $U = \{(x,y) \in S^1 \mid x > 0\}$를 선택하자. 이때 함수 $p : U \to (-1,1)$, $p(x,y) = y$, 가 위상동형사상이고 구간 $(-1,1)$이 실수공간 $\mathbb{R}$과 위상동형이므로 U는 $\mathbb{R}$과 위상동형이다. 따라서 S^1이 경계가 없는 1차원 다양체이다. ◇

[보기] 5.2.2 집합 $X = (-\infty,0) \times \{0\} \cup [0,\infty) \times \{1\} \cup [0,\infty) \times \{-1\}$에 다음과 같이 위상을 정의하자. 먼저 $(0,1)$ 또는 $(0,-1)$을 포함하지 않은 열린집합은 실수공간 $\mathbb{R}$에서의 열린집합이라 하자. 또 점 $(0,1)$을 포함하는 열린집합은 $(a,0) \times \{0\} \cup [0,b) \times \{1\}$ 형태의

집합을 포함하는 집합이라 하고 점 $(0,-1)$을 포함하는 열린집합은 $(a,0)\times\{0\}\cup[0,b)\times\{-1\}$ 형태의 집합을 포함하는 집합이라 하자.

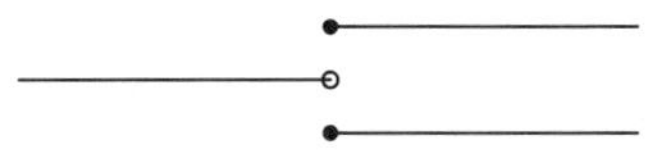

그러면 위상공간 X는 다양체의 조건 중 모든 점이 $\mathbb{R}^1$과 위상동형인 근방을 가져야한다는 조건은 만족시키나 Hausdorff 공간이 되어야한다는 조건은 만족시키지 않는다. ◇

보기 5.2.3 $[0,1)$ 과 $[0,1]$은 경계가 있는 1차원 다양체이다. 이들은 모두 실수공간 $\mathbb{R}$의 부분공간이므로 Hausdorff 공간으로 가산기저를 갖는다. $[0,1)$는 0, $[0,1]$의 경우는 0과 1은 $[0,\infty)$와 위상동형인 근방을 갖고 그 외의 점은 $\mathbb{R}$과 위상동형인 근방을 갖는다. 따라서 $[0,1)$과 $[0,1]$은 경계가 있는 1차원 다양체이다. 이때 1차원 다양체 $[0,1)$의 경계는 $\{0\}$이고, 1차원 다양체 $[0,1]$의 경계는 $\{0,1\}$이다. ◇

참고 5.2.4. 1차원 연결 다양체(connected manifold)는 다음 중 하나와 위상동형임을 보일 수 있다.

$$S^1, \qquad \mathbb{R}, \qquad [0,1), \qquad [0,1].$$

문제 5.2.5 연결 다양체는 길연결 다양체(path-connected manifold)임을 보여라.

앞 절에서 소개한 S^2, T, $\mathbb{P}^2$ 등은 모두 경계가 없는 2차원 다양체이다. 또한 이들은 모두 옹골공간이다. 이처럼 경계가 없고 옹골공간인 다양체를 **닫힌다양체**(closed manifold)라 한다. 이 절에서는 닫힌연결곡면에는 어떤 곡면이 있는지를 완전히 밝히고자 한다. 이를 위하여 곡면의 향(orientation)에 대하여 먼저 설명하기로 한다.

평면 $\mathbb{R}^2$에서의 향은 원점을 중심으로한 두 가지 회전 방향, 즉 시계반대방향 또는 시계방향 중 어느 하나를 의미한다. 우리는 이 둘 중의 어느 하나를 택함으로써 어느 방향이 양의 회전 방향인지를 정할 수 있다. 일반적으로 시계반대방향을 양의 방향으로 인정한다. 시계반대방향을 표현하는 한 가지 방법이 양의 x축에서 양의 y축 방향으로의 회전으로 이해하는 것이다. 곡면의 각 점은 $\mathbb{R}^2$와 위상동형인 근방을 지닌다. 따라서 각 점에 양의 x축과 양의 y축을 정해줄 수 있다. 곡면의 모든 점에 양의 x축과 양의 y축을 연속적으로 정해줄 수 있다면 주어진 곡면을 **가향곡면**(orientable surface)이라 한다. 다른 말로 하면, 곡면 위의 임의의 폐곡선을 따라 각 점에서의 양의 x축과 양의 y축을 연속적으로 표시해 나가면 한 바퀴 돈 뒤에 양의 x축과 양의 y축이 일치하면 가향곡면이라 한다. 또 그렇지 않은 곡면을 **비가향곡면**(non-orientable surface)이라 한다. 즉 곡면 위의 적당한 폐곡선을 따라 양의 x축과 양의 y축을 연속적으로 표시해 나가면 한바퀴 돈 뒤에 양의 x축과 양의 y축의 위치가 바뀌면 주어진 곡면을 비가향곡면이라 한다.

예를 들면, 원기둥에서는 임의의 폐곡선을 따라 양의 x축과 양의 y축을 연속적으로 표시해도 한바퀴 돈 후의 양의 x축과 양의 y축의 위치는 변하지 않는다(그림 5.6 참조). 그러나 Möbius 띠의 경우는 중앙원을 따라 양의 x축과 양의 y축을 연속적으로 표시해 나가면 한 바퀴 돈 후의 양의 x축과 y축의 위치는 바뀐다(그림 5.6 참조). 따라서 원기둥은 가향곡면이고 Möbius 띠는 비가향곡면이다. 사실 Möbius 띠를 부분 공간으로 갖는 곡면은 비가향곡면이고 그렇지 않은 곡면은 가향곡면이다. 임의의

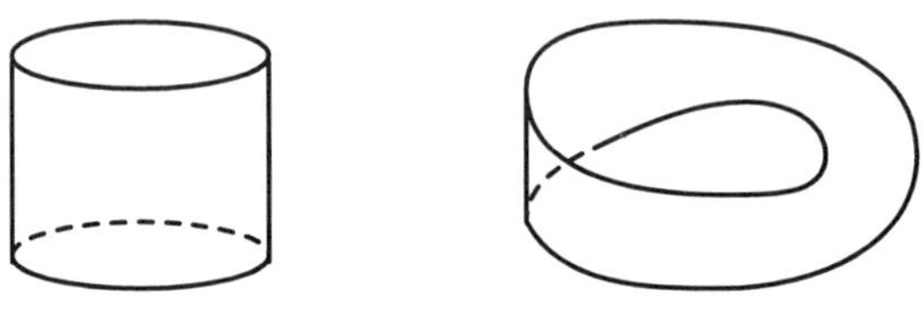

그림 5.6 원기둥과 Möbius 띠

두 곡면으로부터 새로운 곡면을 만드는 방법을 소개하기로 하자. 가장 기본적인 곡면인 $S^2, T, \mathbb{P}^2$ 로부터 이 방법을 이용하여 모든 닫힌연결곡면을 얻을 수 있다.

정의 5.2.6 S_1과 S_2를 서로 만나지 않는 두 곡면이라 하자. S_1과 S_2 의 내부에서 각각 작은 열린원판을 잘라낸다. 원판을 잘라내고 난뒤에 생기는 각 구멍의 경계인 원을 따라 두 곡면을 붙여서 얻은 곡면을 S_1과 S_2의 **연결합**(connected sum)이라 하고 $S_1\#S_2$로 나타낸다. 엄밀하게 정의하면 $\overline{D}_1 \subset \text{int}(S_1)$ $\overline{D}_2 \subset \text{int}(S_2)$ 인 열린원판 D_1과 D_2, 위상동형사상 $h : \partial\overline{D}_2 \to \partial\overline{D}_1$를 선택한 다음, h를 통하여 $S_2 \setminus D_2$를 $S_1 \setminus D_1$에 붙인 공간

$$(S_1 \setminus D_1) \cup_h (S_2 \setminus D_2)$$

를 $S_1\#S_2$라 한다.

문제 5.2.7 (a) 위상공간 X, Y, Z와 부분집합 $A \subset Y, B \subset Z$가 있다. 연속함수 $f : A \to X$와 $g : B \to X$에 대하여

$$h(B) = A, \qquad f \circ h = g$$

인 위상동형사상 $h : Z \to Y$가 있으면 $X \cup_f Y$와 $X \cup_g Z$가 위상동형임을 보여라.

(b) 곡면 S의 내부에 들어있는 열린원판 D에 대하여, 임의의 위상동형사상 $k : \partial\overline{D} \to \partial\overline{D}$은 항상 위상동형사상 $\tilde{k} : S\setminus D \to S\setminus D$으로 확장할 수 있음을 보여라.

위 연습문제에 따르면 $S_1\#S_2$는 위상동형사상 $h : \partial\overline{D}_1 \to \partial\overline{D}_2$의 선택과는 무관하게 결정됨을 알 수 있다. 또한 $S_1\#S_2$는 D_1과 D_2의 위치와 무관하게 결정됨을 쉽게 보일 수 있다.

보기 5.2.8 $T\#T$는 그림 5.7과 같다.

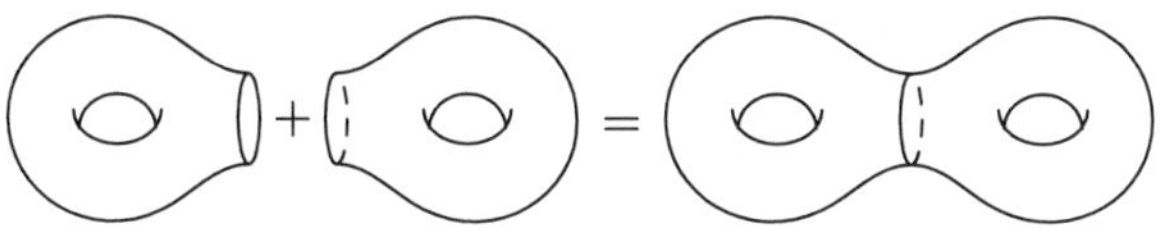

그림 5.7 $T\#T$

◇

앞 절에서 보았듯이 T는 원판의 경계를 아래 그림의 화살표 방향을 따라 붙임으로써 원판으로부터 얻을 수 있다.

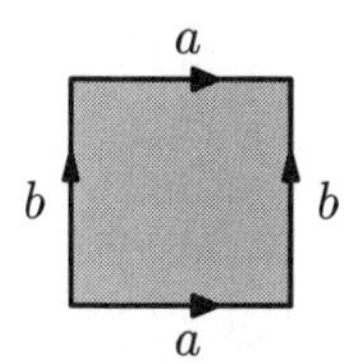

그림 5.8 원환체

그림 5.8에서처럼 같이 붙어야 할 한 쌍의 선분에 같은 문자를 대응시키면 이 문자와 화살표의 방향이 원환체를 얻기 위하여 원판의 경계를 붙이는 방식을 알려준다. 원판의 경계에 할당된 문자를 향을 고려하여 시계반대방향으로 나열하면 $aba^{-1}b^{-1}$가 된다. 거꾸로 $aba^{-1}b^{-1}$라는 정보로부터 원판의 경계를 4등분하여 얻은 각 선분에 a와 b를 할당하고 a, b에 대응하는 선분은 시계반대 방향의 화살표를 a^{-1}, b^{-1}에 대응하는 선분은 시계방향의 화살표를 대응시키고 화살표방향에 따라 같은 문자가 대응된 선분을 붙이면 원환체를 얻을 수 있음을 주목하자. 따라서 T에 대하여 기호 $aba^{-1}b^{-1}$를 대응시킬 수 있다.

$T\#T$도 T와 같이 원판의 경계를 적당히 붙임으로써 원판으로부터 얻을 수 있다. 두 원환체의 연결합을 얻는 과정을 원환체가 원판으로 표현된 상태에서 잘 나타내어

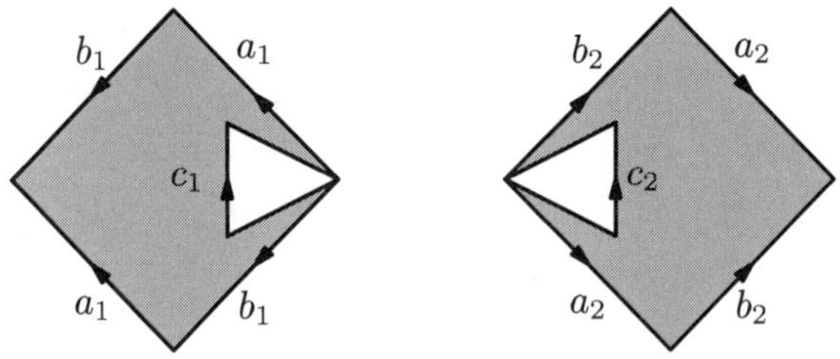

그림 5.9 원환체의 연결합 1단계

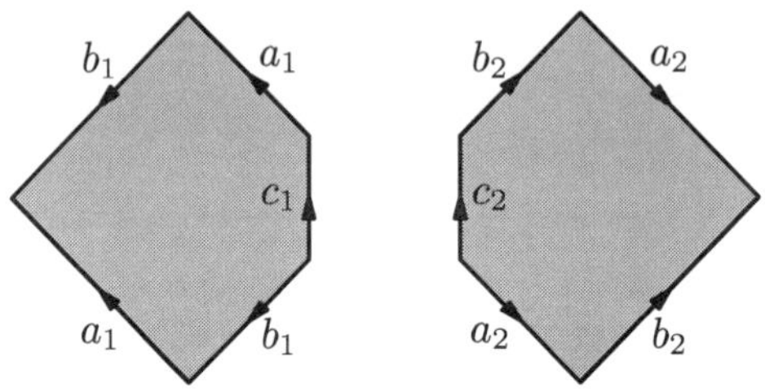

그림 5.10 원환체의 연결합 2단계

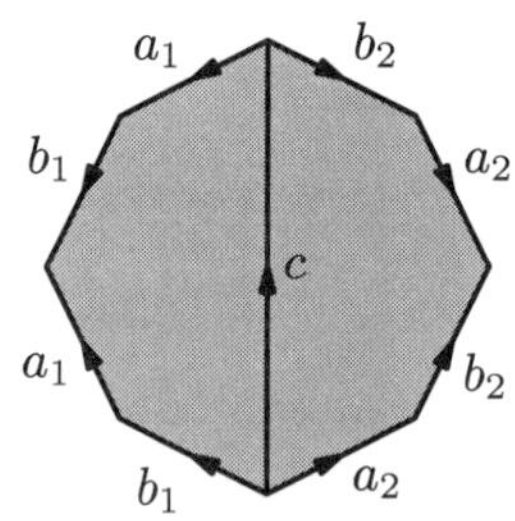

그림 5.11 원환체의 연결합 3단계

이 사실을 얻고자 한다. 먼저 그림 5.9 에서처럼 두 개의 원환체에서 원판(흰 부분)을 잘라낸다. 이 원판의 경계 원을 각각 c_1 과 c_2 로 나타내자.

이제 c_1 과 c_2 를 펼치면 그림 5.10 과 같은 그림을 얻는다. 이제 원 c_1 과 c_2 를 화살표 방향을 따라 붙이면 그림 5.11 과 같은 공간을 얻는다.

x 따라서 $T\#T$ 는 기호 $a_1b_1a_1^{-1}b_1^{-1}a_2b_2a_2^{-1}b_2^{-1}$ 에 대응한다. 위와 같은 방법을 사용하면 원환체 g 개의 연결합 $\underbrace{T\#T\#\cdots\#T}_{\text{g 개}}$ 은 기호

$$a_1b_1a_1^{-1}b_1^{-1}a_2b_2a_2^{-1}b_2^{-1}\cdots a_gb_ga_g^{-1}b_g^{-1}$$

로 표현할 수 있다.

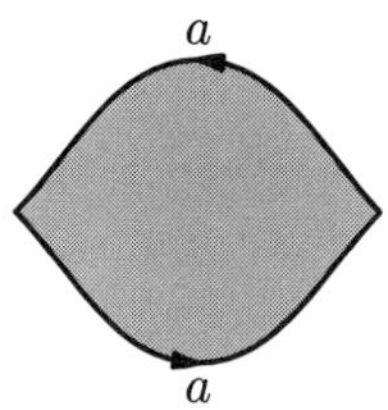

그림 5.12 사영평면

한편 사영평면 $\mathbb{P}^2$ 는 그림 5.12 에 표시된 상공간이다. 원환체 두 개의 연결합을 구하듯이 사영평면 두 개의 연결합을 그림 5.13 과 같이 구할 수 있다.

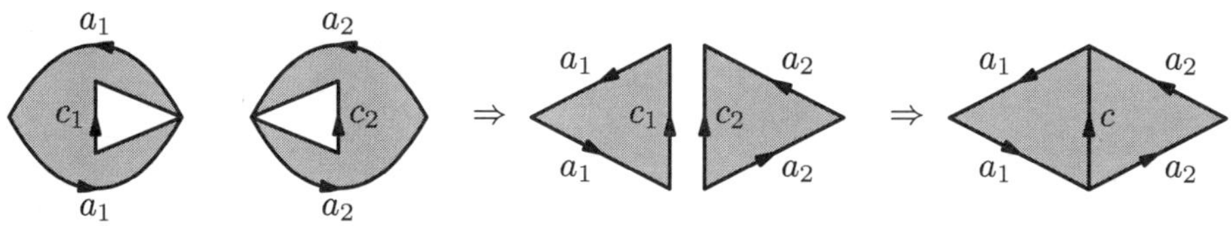

그림 5.13 $\mathbb{P}^2\#\mathbb{P}^2$

따라서 $\mathbb{P}^2\#\mathbb{P}^2$ 는 기호 $a_1a_1a_2a_2$ 로 표시할 수 있다. 이를 반복하면 사영평면 g개의 연결합 $\underbrace{\mathbb{P}^2\#\mathbb{P}^2\#\cdots\#\mathbb{P}^2}_{\text{g 개}}$ 은

$$a_1a_1a_2a_2\cdots a_ga_g$$

로 표시된다.

Klein 병은 그림 5.14 에 표현된 상공간으로 정의된다. 이는 원기둥을 양 끝을 향을 바꾸는 위상동형사상을 통하여 붙여서 얻은 곡면이다. 앞으로 Klein 병을 K 로 표시하기로 한다.

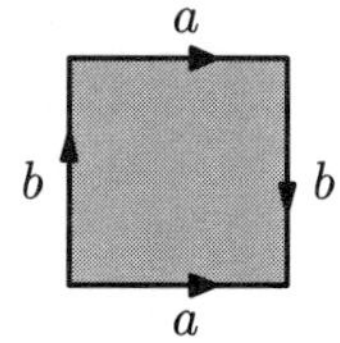

그림 5.14 Klein 병

그림 5.15 를 보면 다음 정리를 얻을 수 있음을 알 수 있다.

정리 5.2.9 $\mathbb{P}^2 \# \mathbb{P}^2$는 Klein 병과 위상동형이다.

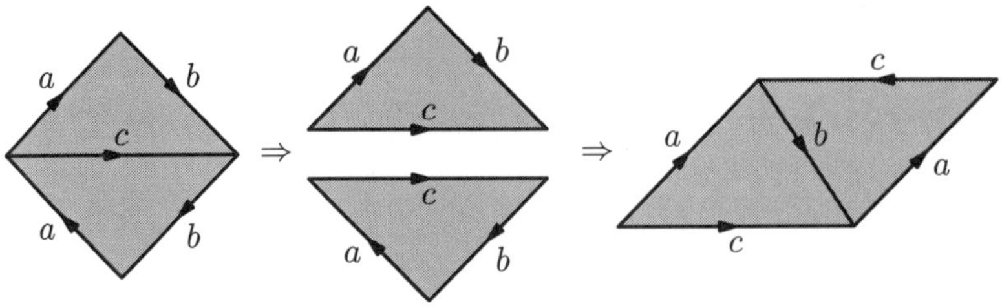

그림 5.15 $\mathbb{P}^2 \# \mathbb{P}^2 =$ Klein 병

보조정리 5.2.10 X가 Möbius 띠이고 Y가 원판 D^2이라 하자. $f : \partial Y \to \partial X$가 위상동형사상일 때 $X \cup_f Y$가 사영평면 $\mathbb{P}^2$와 위상동형이다. 즉 사영평면은 Möbius 띠와 원판의 합으로 표시된다.

증명. 그림 5.16에서 첫 번째 그림은 Möbius 띠와 원판이다. 선분 b를 붙이면 두 번째 그림이 된다. 두 번째 그림에서 c의 방향을 동시에 바꾸면 세 번째 그림을 얻는다. 세 번째 그림은 사영평면이다. □

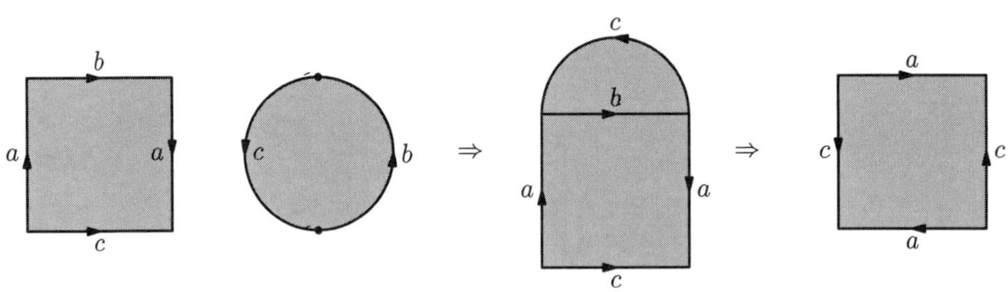

그림 5.16 Möbius 띠와 원판의 합

문제 5.2.11 X와 Y가 Möbius 띠이고 $f : \partial Y \to \partial X$가 위상동형사상일 때, $X \cup_f Y$가 Klein 병임을 보여라.

보조정리 5.2.12 S를 곡면이라 하자. S와 원환체의 연결합은 S에서 서로 만나지 않는 두 원판을 잘라낸 후, 원기둥의 경계인 두 원을 각각 제거한 원판의 경계에 향을 보존하는 위상동형사상을 통하여 붙여 얻은 곡면과 위상동형이다. 또 S와 Klein 병의 연결합은 원환체의 경우와 똑같은 작업을 하나 경계를 붙일 때 원기둥의 한 쪽 끝은 향을 보존하는 위상동형사상을 통하여 나머지 한 쪽 끝은 향을 바꾸는 위상동형사상을 통하여 붙여서 얻은 곡면과 위상동형이다.

증명. 구에서 서로 만나지 않는 원판 세 개를 잘라낸 곡면을 X라 하자. 그림 5.17에서 보듯이 원환체에서 원판을 잘라내면 X와 원기둥을 얻는다. 따라서 S와 원환체의 연결합을 얻는 것은, 먼저 S에서 원판을 제거한 후 X의 경계 e를 제거한 원판의 경계에 붙이고 원기둥의 경계 a와 d를 X의 경계 a와 d에 향을 맞추어 붙이는 것과 일치한다. S에서 원판을 제거한 후 X의 경계 e를 제거한 원판의 경계에 붙였을 때 얻은 곡면이 S에서 서로 만나지 않는 원판 두 개를 잘라낸 것과 같은 곡면이므로 결론이 유도된다.

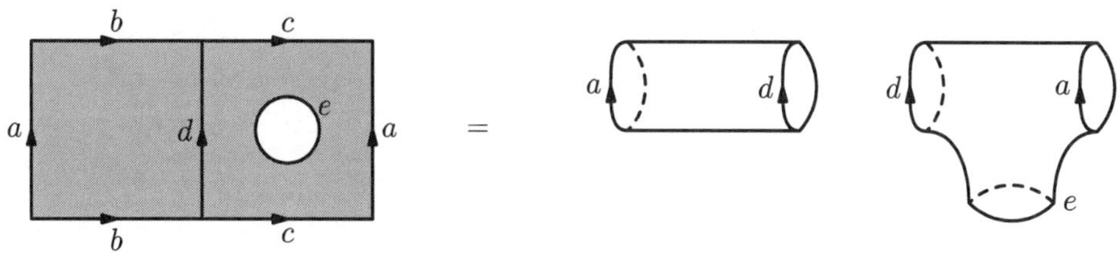

그림 5.17 원판을 제거한 원환체

Klein 병의 경우도 원환체의 경우와 비슷하게 하면 결론을 얻을 수 있다 (그림 5.18 참조). □

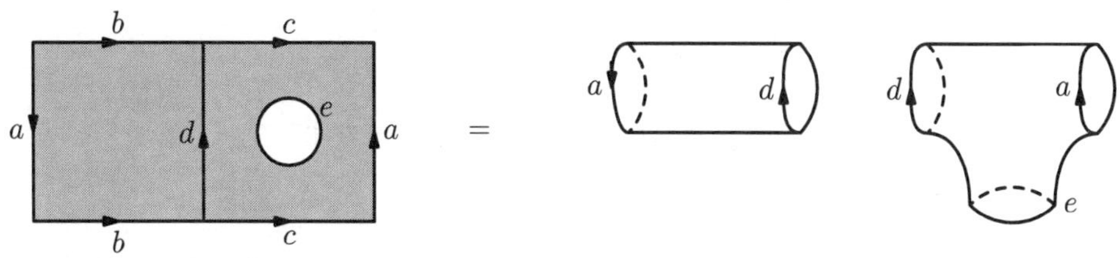

그림 5.18 원판을 제거한 Klein 병

정리 5.2.13 원환체와 사영평면의 연결합 $T\#\mathbb{P}^2$ 은 세 개의 사영평면의 연결합 $\mathbb{P}^2\#\mathbb{P}^2\#\mathbb{P}^2$ 와 위상동형이다.

증명. $\mathbb{P}^2\#\mathbb{P}^2$ 와 Klein 병과 위상동형이므로 $T\#\mathbb{P}^2$ 와 $K\#\mathbb{P}^2$ 와 위상동형임을 보이면 충분하다. 또 $\mathbb{P}^2$ 에서 원판을 잘라내면 Möbius 띠이므로 이는 T 와 Möbius 띠와의 연결합이 K 와 Möbius 띠의 연결합과 위상동형임을 보이는 것과 마찬가지이다. 보조정리 5.2.12 에 의하면 Möbius 띠와 원환체의 연결합은 그림 5.19 의 곡면과 위상동형이고 Möbius 띠와 Klein 병의 연결합은 그림 5.20 의 곡면과 위상동형이다.

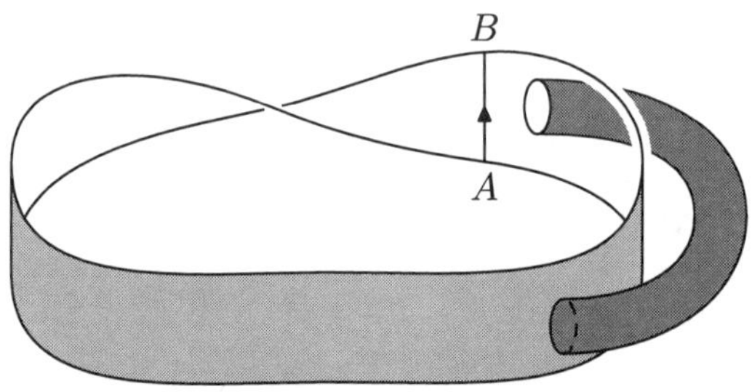

그림 5.19 Möbius 띠와 원환체의 연결합

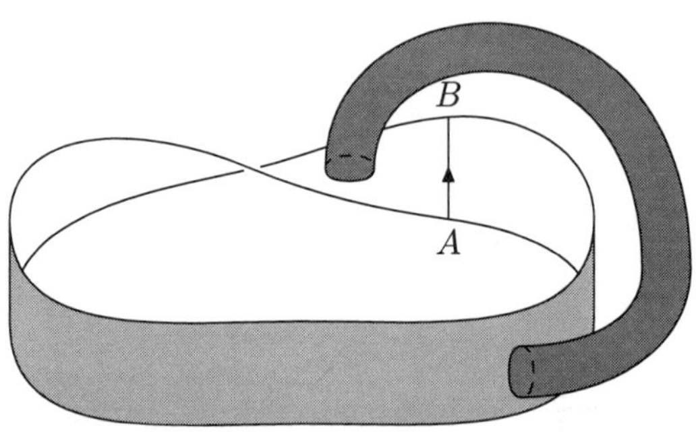

그림 5.20 Möbius 띠와 Klein 병의 연결합

이제 그림 5.19 과 그림 5.20 의 곡면을 각각 선분 AB 를 따라 자르면 그림 5.21 의 곡면이 된다. 따라서 Möbius 띠와 원환체의 연결합은 Möbius 띠와 Klein 병의 연결합과 위상동형이 된다. □

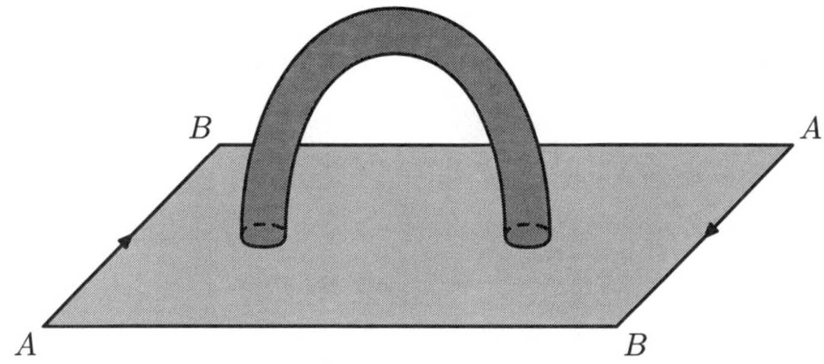

그림 5.21 원판과 원환체의 연결합

5.3 곡면의 분류

닫힌연결곡면(closed connected surface)이 구, 원환체 여러 개의 연결합 또는 사영평면 여러 개의 연결합 중의 하나와 위상동형임을 보이도록 하자. 이를 위해 곡면을 여러 개의 작은 삼각형의 합으로 표시하는 작업이 필요하다. 곡면을 여러 개의 삼각형의 합으로 표시하는 것이 어떤 것인가 정의하는 것으로부터 이 절을 시작하자.

정의 5.3.1 S를 임의의 닫힌연결곡면이라 하자. $\{T_1, T_2, \cdots, T_n\}$을 다음을 만족하는 S의 닫힌부분집합의 모임이라 하자.

(1) $\bigcup_{i=1}^{n} T_i = S$

(2) 각 T_i는 평면 $\mathbb{R}^2$ 위의 삼각형과 위상동형이고

(3) (2)에서 T_i에 대응하는 평면 위의 삼각형의 꼭지점에 대응하는 T_i의 점을 꼭지점, 모서리에 대응하는 점을 모서리라 하면, 임의의 서로 다른 두 삼각형 T_i와 T_j는 서로 만나지 않거나, 오직 한 꼭지점 또는 오직 한 모서리에서만 만난다.

이때 $\{T_1, T_2, \cdots, T_n\}$을 닫힌연결곡면 S의 **삼각화**(triangulation)라 한다.

1925년에 T. Rado는 모든 옹골곡면을 삼각화할 수 있다는 것을 보였다. 닫힌곡면을 삼각형화하고 나면 다음이 성립함을 알 수 있다.

(1) 각 모서리는 정확히 두 삼각형의 공통 모서리이다.

(2) 임의의 꼭지점 v에 대하여 v를 꼭지점으로 갖는 모든 삼각형을

$$T_0, T_1, T_2, \cdots, T_{n-1}, T_n = T_0$$

라 했을 때, T_i와 T_{i+1}가 오직 한 모서리를 공유하도록 나열할 수 있다 (단, $0 \leq i \leq n-1$).

앞 절에서 보았듯이 원환체, 사영평면, Klein 병 등의 곡면은 모서리를 한 쌍씩 붙여서 적당한 $2n$각형으로부터 얻을 수 있다. 곡면이 삼각화된다는 사실을 이용하면 모든 닫힌곡면은 이런 방법으로 얻을 수 있음을 보일 수 있다.

> **보조정리 5.3.2** 닫힌연결곡면 S는 적당한 자연수 n에 대하여 모서리를 한 쌍씩 붙여 $2n$각형으로부터 얻은 상공간과 위상동형이다.

증명. 먼저 S가 삼각형 $T_1, T_2, \cdots, T_k$으로 삼각화되었다고 가정하자. 이때 삼각형 T_i가 삼각형 $T_1, \cdots, T_{i-1}$중 적어도 하나와 모서리 e_i를 공유한다고 가정해도 좋다 (단, $2 \leq i \leq n$). 이는 다음과 같은 이유 때문이다. 먼저 삼각형을 하나 선택하여 T_1 이라 하고 T_1과 모서리를 공유하는 T_1 이외의 삼각형 중 하나를 T_2라 하자. 또 T_3는 T_1 또는 T_2와 모서리를 공유하는 삼각형 중 T_1, T_2 이외의 삼각형 중 하나를 T_3라 하자. 이와 같은 과정을 반복하기로 하자. 만약 이 과정이 $m < k$인 m번째 멈추었다면 $\{T_1, \cdots, T_m\}$에 속하는 삼각형은 $\{T_{m+1}, \cdots, T_k\}$에 속하는 삼각형과 서로 만나지 않는다. 이는 S가 연결공간이라는 사실에 모순이다. 따라서 위 과정은 k번째까지 반복이 가능하고 k번째까지 반복이 끝나면, 삼각형 T_i가 삼각형 $T_1, \cdots, T_{i-1}$중 적어도 하나와 모서리를 공유하는 배열이 된다.

이제 S의 삼각형 T_i와 위상동형인 Euclid 공간 $\mathbb{R}^2$의 삼각형 T_i'와 위상동형사상 $g_i : T_i' \to T_i$를 선택하자. 이때 평행이동을 이용하여 T_i'들은 서로 만나지 않음을 가정하자.

$$T' = \bigcup_{i=1}^{k} T_i'$$

이라 놓으면 T'은 옹골공간이고 $g|_{T_i'} = g_i$로 사상 $g : T' \to S$를 정의하면 g는 연속이고 전사인 함수이다. S가 Hausdorff 공간이므로 g는 상사상이다. 위에서 선택한 각 모서리 e_i는 T_i와 T_j, $1 \leq j < i$, 의 공통 모서리이므로 $g^{-1}(e_i)$는 T_i'의 한 모서리와 T_j'의 한 모서리로 이루어져 있다. 이 두 모서리를 붙이기로 한다. 이 작업을 모든 e_i, $1 \leq i \leq k$, 에 적용하여 얻은 상공간을 D라 하면 $f \circ q = g$인 연속이고 전사인 사상 $f : D \to S$가 결정된다. 여기서 $q : T' \to D$는 위에서 결정된 상사상이다. D가 옹골공간이고 S가 Hausdorff 공간이므로 f는 상사상이다. 한편 D는 두 원판을 경계의 일부인 (연결된)호를 따라 붙이는 작업을 유한번해서 얻은 상공간이므로 원판과 동

형사상이다. 따라서 D를 다각형이라 할 수 있다. S는 이 다각형의 모서리를 붙여서 얻은 상공간이다. 이 상공간이 곡면이 되려면 이 다각형의 모서리의 수는 짝수이고 한 쌍씩 붙여야만 한다. □

정리 5.3.3 닫힌연결곡면 S는 다음 곡면 중 하나와 위상동형이다.

(a) 구면 S^2

(b) 유한개의 원환체의 연결합 $T\#\cdots\#T$

(c) 유한개의 사영평면의 연결합 $\mathbb{P}^2\#\cdots\#\mathbb{P}^2$

증명. 앞 절에서 보았듯이 곡면 S를 표현할 때 다각형 D의 각 모서리에 문자와 화살표를 대응시켜 붙이는 방법을 사용하였다. 즉, a라는 문자와 시계반대 방향의 화살표에 대응하는 모서리는 a로, a라는 문자와 시계방향의 화살표에 대응하는 모서리는 a^{-1}로 표시하여 시계반대 방향으로 나열하면 다각형 D로부터 곡면 S를 얻는 정보를 나타낼 수 있다. 예를 들어 $abca^{-1}b^{-1}c^{-1}$는 그림 5.22 의 상공간으로 표현되는 곡면을 나타낸다.

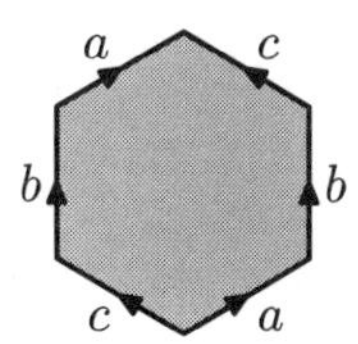

그림 5.22 $abca^{-1}b^{-1}c^{-1}$로 표현되는 곡면

1단계: 그림 5.23 에서처럼 같은 문자이고 지수가 반대인 모서리가 이웃하면 이 두 모서리를 제거한다. 이 작업을 계속하면 같은 문자이고 지수가 반대인 이웃한 모서리가 모두 제거되거나 오직 두 모서리가 남는다. 오직 두 모서리만 남을 경우는 aa로 표시되거나 aa^{-1}로 표시된다. aa의 경우는 S가 사영평면이고 aa^{-1}인 경우는 S가 구면이다. 이렇지 않을 경우 다음 단계를 밟는다.

2단계: 다각형 D의 모든 꼭지점이 S에서 한 점이 되도록 D를 변형한다. 이 단계가 가능한 이유는 다음과 같다. 그림 5.24 에서처럼 S의 점 P에 대응하는 D의 꼭지점들을 P로 표시하고 점 Q에 대응하는 꼭지점들을 Q로 표시하기로 하자. 선 c를 따라 a,b,c를 모서리로 갖는 삼각형을 잘라 a로 표시된 아래 모서리에 갖다 붙이면

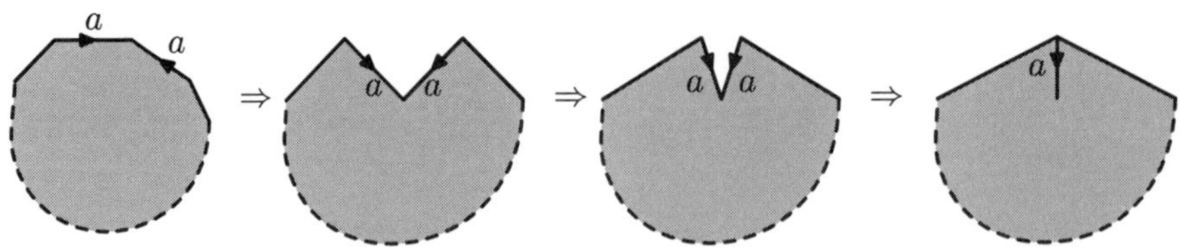

그림 5.23 1단계

P에 대응하는 꼭지점은 하나 줄고 Q에 대응하는 점은 하나 늘어난다. 이 작업을 반복하면 D의 모든 꼭지점이 S의 한 점으로 대응하도록 D를 변형할 수 있다.

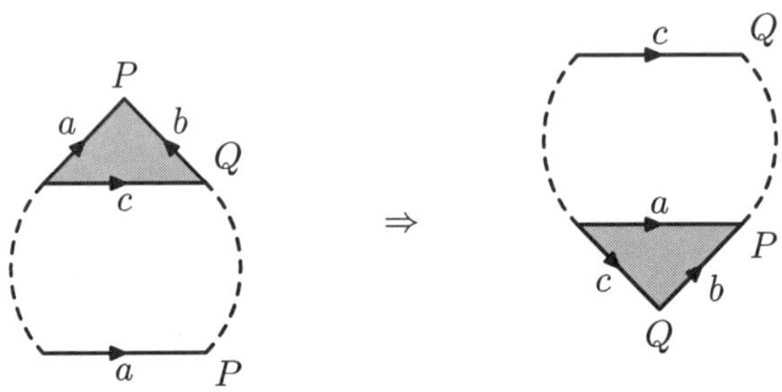

그림 5.24 2단계

3단계: 문자가 같고 지수도 같은 모서리를 모두 이웃하게 D를 변형한다. 그림 5.25에서처럼 문자도 갖고 지수도 같으나 이웃하지 않은 두 모서리를 b로 나타내면 한 모서리의 화살표 방향의 끝에서 다른 모서리의 화살표 방향의 끝을 잇는 선분을 따라 잘라낸다. 잘라내서 얻은 두 조각을 b를 따라 붙이면 문자와 지수가 같은 두 모서리가 이웃하게 된다. 이 작업을 반복하면 문자와 지수가 같은 모서리를 모두 이웃하게 만들 수 있다.

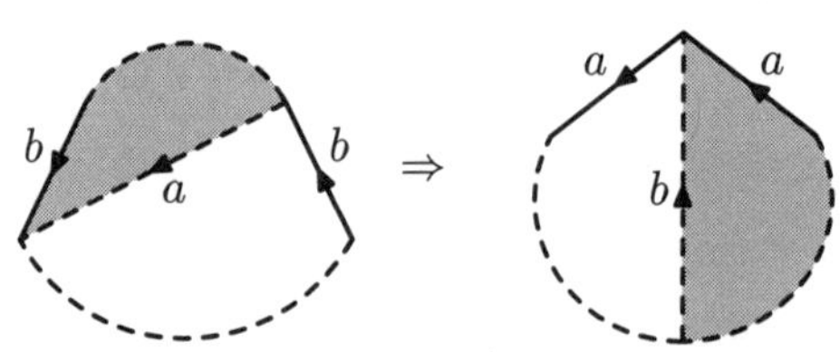

그림 5.25 3단계

3단계를 마쳤을 때, 문자가 같고 부호가 다른 모서리가 없으면 D의 경계는 $a_1a_1a_2a_2 \cdots a_ma_m$ 형태이다. 따라서 S는 유한개의 사영평면의 연결합이다.

만약 문자가 같고 부호가 다른 한 쌍의 모서리 c, c^{-1}가 있으면 반드시 또 다른 한 쌍의 문자가 같고 부호가 다른 모서리 d, d^{-1} 가 반드시 있어서

$$c \cdots d \cdots c^{-1} \cdots d^{-1} \cdots$$

형태의 배열을 이루어야만 한다. 여기서 $\cdots$는 다른 문자의 배열이 가능함을 나타낸다. 그 이유는 다음과 같다. 만약 문자가 같고 부호가 다른 모서리가 한 쌍 c, c^{-1}가 있고 $c \cdots d \cdots c^{-1} \cdots d^{-1} \cdots$ 형태의 배열을 나타내는 또 다른 한 쌍의 모서리 d, d^{-1}가 없으면, 그림 5.26과 같은 상황이 된다. 그림 5.26의 A부분에 있는 모서리는 A부분에 있는 모서리에 붙여진다. 이와 같은 현상은 B부분에 있는 모서리도 마찬가지이다. 즉, A부분에 있는 모서리는 B부분에 있는 모서리에 붙여지지 않는다. 따라서 c의 시작점과 끝 점은 S에서 다른 점이 된다. 이는 2단계에 모순이다 (3단계에서 모든 꼭지점이 S의 한 점이 되는 규칙은 바뀌지 않음을 주목하라).

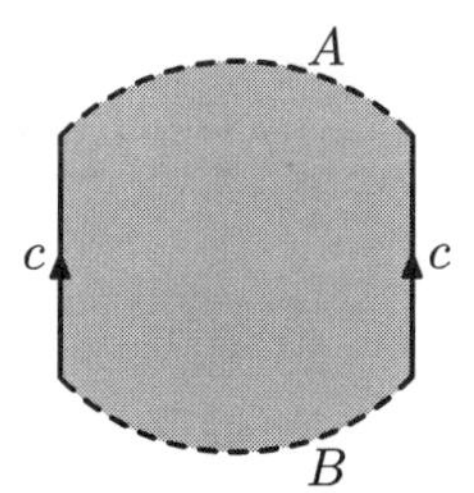

그림 5.26 문자가 같고 부호 다른 모서리 한 쌍

4단계: $a \cdots b \cdots a^{-1} \cdots b^{-1} \cdots$ 형태의 배열을 $cdc^{-1}d^{-1} \cdots$ 형태의 배열로 바꾼다. 주어진 배열은 그림 5.27의 첫 번째 그림이다. 먼저 선분 c를 따라 D를 자르고 b를 따라 붙인다. d를 따라 자르고 a를 따라 붙이면 원하는 형태의 배열을 얻는다.

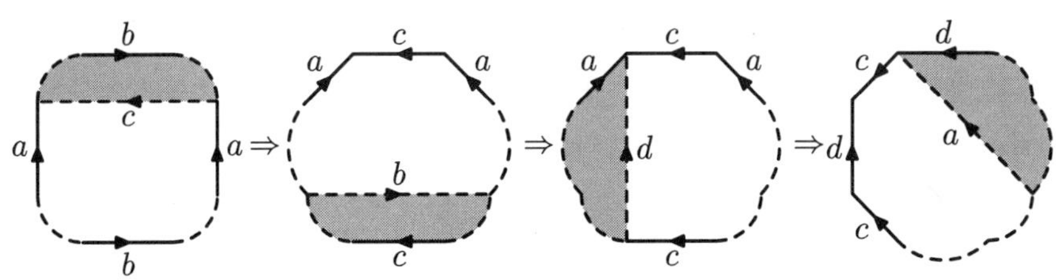

그림 5.27 4단계

4단계를 반복하여 문자가 같고 지수가 다른 모서리 두 쌍을 모두 $aba^{-1}b^{-1}$ 형태로

나타낸 후 문자와 지수가 같은 모서리의 쌍이 전혀 없으면 D의 경계는

$$a_1b_1a_1^{-1}b_1^{-1}a_2b_2a_2^{-1}b_2^{-1}\cdots a_mb_ma_m^{-1}b_m^{-1}$$

형태로 나타낼 수 있다. 이 경우 S는 유한개의 원환체의 연결합이다. 4단계 이후에 만약 문자와 지수가 같은 모서리의 쌍이 있다면 D의 경계는

$$a_1b_1a_1^{-1}b_1^{-1}\cdots a_mb_ma_m^{-1}b_m^{-1}c_1c_1\cdots c_nc_n$$

형태일 것이다. 이 경우 S는 유한개의 원환체와 유한개의 사영평면의 연결합이다. 정리 5.2.13 에 의하면 이는 유한개의 사영평면의 연결합으로 표현된다. 예를 들어

$$a_1b_1a_1^{-1}b_1^{-1}\cdots a_mb_ma_m^{-1}b_m^{-1}c_1c_1\cdots c_nc_n$$

로 표현되면 S는

$$\underbrace{T\#\cdots\#T}_{m\text{개}}\#\underbrace{\mathbb{P}^2\#\cdots\#\mathbb{P}^2}_{n\text{개}}$$

와 위상동형이다. 정리 5.2.13 에 의하면 이는

$$\underbrace{\mathbb{P}^2\#\cdots\#\mathbb{P}^2}_{(2m+n)\text{개}}$$

와 위상동형이다. □

유한개 사영평면의 연결합은 그 안에 Möbius 띠를 포함하고 있으므로 비가향곡면이다. 또 구면과 유한개의 원환체의 연결합은 가향곡면이다.

위 정리에서 우리는 연결되어 있는 닫힌곡면, 즉 연결되어있고 옹골인 경계가 없는 2차원 다양체를 구분하였다. 그러면 경계가 있는 연결되어있고 옹골인 2차원 다양체는 어떻게 구분할 수 있을까?

S가 연결되어 있는 경계가 있는 옹골곡면이라 하자. S의 경계 ∂S는 옹골이고 경계가 없는 1차원 다양체이므로 S는 유한개의 원으로 이루어져 있다. 각 경계에 모두 원판을 붙이면 닫힌곡면을 얻는다. 이 닫힌곡면을 $\hat{S}$라 하자. 앞의 정리에 의하면 $\hat{S}$는 구면 S^2 유한개의 원환체의 연결합 또는 유한개의 사영평면의 연결합 중 하나이다. 곡면 S는 $\hat{S}$에서 서로 만나지 않는 유한개의 원판의 내부를 잘라내어 얻은 곡면이다.

5.4 Euler 지표

앞 절에서 보았듯이 닫힌연결곡면은 구면, 유한개의 원환체의 연결합, 유한개의 사영평면의 연결합 중의 하나와 위상동형이다. 그러나 이들 중 서로 다른 곡면이 서로 위상동형이 아님은 아직 알 수 없다. 예를 들면 $n \neq m$에 대하여 n개의 원환체의 연결합과 m개의 원환체의 연결합이 위상동형이 아님은 아직 확인할 수 없었다. 이를 위해 Euler 지표를 소개하기로 하자.

S를 옹골곡면이라 하자. S를 삼각화하여 생긴 꼭지점 수가 v, 모서리의 수가 e, 삼각형의 수가 f일 때, 정수 $v-e+f$를 S의 **Euler 지표**라 하고 $\chi(S)$로 표시한다. 주어진 곡면의 삼각화는 무수히 많이 존재한다. Euler 지표가 잘 정의되려면 같은 곡면에 대하여서 다른 삼각화를 택하여도 $v-e+f$는 변함이 없어야 한다. 어떤 곡면의 주어진 삼각화에 대하여 꼭지점과 모서리를 첨가함으로써 곡면을 더 잘게 삼각화할 수 있다. 이렇게 더 잘게 삼각화하여도 $v-e+f$는 변하지 않음을 보일 수 있고, 또 서로 다른 삼각화에 대하여 두 삼각화에 있는 꼭지점과 모서리를 모두 포함하는, 즉 두 주어진 삼각화보다 더 잘게 된 삼각화가 존재함을 보일 수 있는 바, 이 두 사실을 결합하면 Euler 지표는 삼각화와 무관하게 늘 일정하게 정의됨을 알 수 있다. 사실, Homology 이론을 이용하면 위상동형인 두 공간의 Euler 지표는 일치함을 보일 수 있다.

곡면 S가 원판의 상공간으로 표현된다는 사실을 이용하면 곡면을 쉽게 삼각화할 수 있다. 그림 5.28은 구면, 원환체, 사영평면의 삼각화이다.

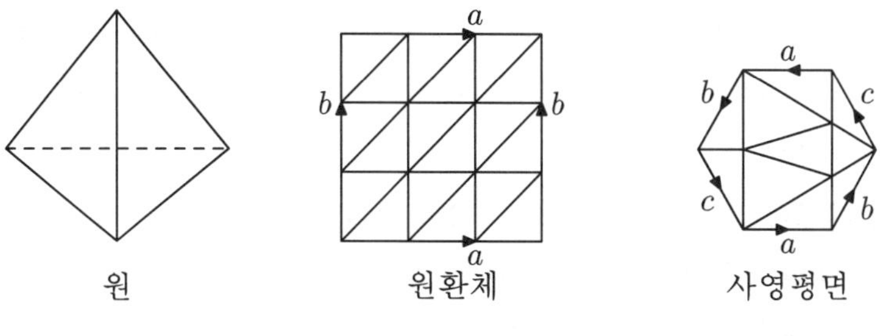

그림 5.28 곡면의 삼각화

그림 5.28을 이용하여 구면, 원환체, 사영평면의 Euler 지표를 구하면 각각 2, 0, 1임을 알 수 있다. 다음 정리를 이용하면 다른 닫힌곡면의 Euler 지표를 쉽게 구할 수 있다.

정리 5.4.1 S_1과 S_2가 곡면일 때, S_1과 S_2의 연결합 $S_1\#S_2$의 Euler 지표는

$$\chi(S_1\#S_2) = \chi(S_1) + \chi(S_2) - 2$$

을 만족한다.

증명. S_1과 S_2가 삼각화되었다고 하자. $S_1\#S_2$는 S_1과 S_2에서 각각 삼각형을 하나씩 잘라내고 삼각형의 경계에 따라 두 곡면을 붙여서 얻을 수 있다. 이 과정에서 모서리는 3개, 꼭지점도 3개, 면은 2개가 줄어든다. 따라서

$$\chi(S_1\#S_2) = \chi(S_1) + \chi(S_2) - 2$$

이 성립한다. □

문제 5.4.2 n개의 원환체의 연결합과 m개의 사영평면의 연결합의 Euler 지표를 구하라.

위상동형인 두 공간의 Euler 지표가 같다는 사실과 위 문제를 이용하면 다음 정리를 얻을 수 있다.

정리 5.4.3 두 닫힌연결곡면 S_1과 S_2에 대한 다음 두 명제는 동치이다.

(a) S_1과 S_2가 위상동형이다.

(b) $\chi(S_1) = \chi(S_2)$이고, S_1과 S_2이 둘 다 가향곡면이거나 비가향곡면이다.

위 정리에 따르면 주어진 곡면의 Euler 지표와 가향 여부만 알면 주어진 곡면이 어떤 곡면인지를 알 수 있다. 예를 들어, 가향곡면이고 Euler 지표가 -4인 닫힌연결곡면은 3개의 원환체의 연결합이다.

n개의 원환체의 연결합 또는 n개의 사영평면의 연결합인 곡면은 그 **종수**(genus)를 n이라 한다. 또한 구면의 종수는 0이라 정의한다. 닫힌곡면 S의 종수 $g(S)$와 Euler 지표 $\chi(S)$ 사이에는 다음과 같은 관계가 성립한다.

$$g(S) = \begin{cases} \frac{2-\chi(S)}{2}, & S\text{가 가향곡면} \\ 2-\chi(S), & S\text{가 비가향곡면} \end{cases}$$

Euler 지표와 마찬가지로 주어진 곡면의 종수와 가향여부를 알면 그 곡면이 어떤 곡면인지를 알 수 있다.

연습문제

1. 정십각형의 경계를 기호 $abcdec^{-1}da^{-1}b^{-1}e^{-1}$가 나타내는대로 붙여서 얻은 곡면은?

2. $2n$각형의 경계를 기호 $a_1a_2\cdots a_{n-1}a_na_1^{-1}a_2^{-1}\cdots a_{n-1}^{-1}a_n^{-1}$가 나타내는대로 붙여 얻은 곡면은? ($n$이 짝수일 때와 홀수일 때를 나누어 생각하여라.)

3. 다음 그림이 나타내는 상공간을 S라 할 때, $\hat{S}$가 어떤 곡면인지를 밝히고, 이를 이용하여 S가 어떤 곡면인지를 밝혀라.

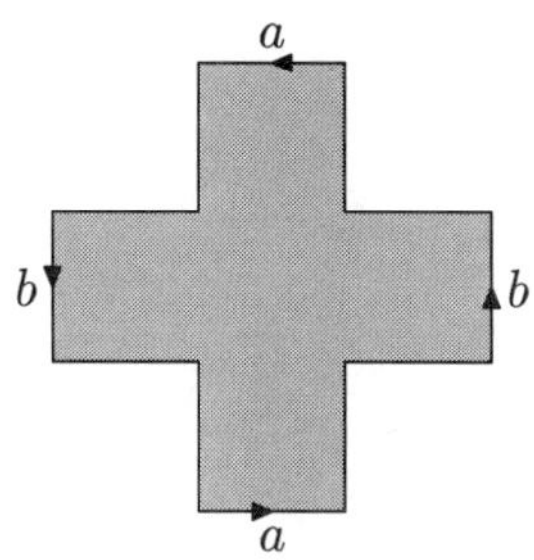

4. 정다면체는 정사면체, 정육면체, 정팔면체, 정십이면체, 정이십면체뿐임을 보여라. (S^2의 Euler 지표가 2임을 이용하여라.)

5. 삼각화된 닫힌곡면 S의 꼭지점의 수를 v, 모서리의 수를 e, 삼각형의 수를 f라 할 때, 다음이 성립함을 보여라.

$$\begin{aligned} 3f &= 2e \\ e &= 3(v-\chi(S)) \\ v &\geq \frac{1}{2}(7+\sqrt{49-24\chi(S)}) \end{aligned}$$

6. 2개의 원환체의 연결합에서 5개의 원판을 잘라내어 얻은 옹골곡면의 Euler 지표를 구하여라.

7. S가 경계가 4개의 원으로 이루어져있고 $\chi(S)=-13$인 비가향 연결곡면일 때 S는 어떤 곡면인가?

6

기본군

닫힌원판(disk) D^2과 닫힌원환(annulus)은 동형이 아닌 위상공간으로 보인다. 그러나 옹골성, 연결성 등을 이용해서는 이들이 다름을 보이는 것은 어려워 보인다. 앞 단원에서 소개한 Euler 지표와 이 단원에서 소개할 기본군을 이용하면 닫힌원환과 닫힌원판이 서로 동형이 아님을 보일 수 있다. 기본군은 프랑스 수학자 H. Poincare가 처음 생각한 것으로 주어진 위상공간 X에 대하여 X 위에 있는 닫힌곡선의 집합의 적당한 상집합에 군 구조를 도입한 것이다. 즉 위상공간 X에 $\pi_1(X)$로 표시되는 기본군이라 불리우는 군을 대응시킨 것이다. 그런데 위상동형인 공간 X와 Y에 대하여 $\pi_1(X)$와 $\pi_1(Y)$는 동형군이 되어, 기본군이 동형이 아닌 두 위상공간은 위상동형이 아니다. 예를 들어 닫힌원판과 닫힌원환의 기본군은 각각 자명군(trivial group)과 정수군으로 서로 동형이 아니다. 따라서 닫힌원판과 닫힌원환은 서로 위상동형이 아니다. 이와 같이 기본군은 위상공간을 구분하는 유용한 수단으로 사용되고 있다.

$\langle a,b|a^2=b^3\rangle$

6.1 연속변형사상

X가 위상공간이라 하자. $\alpha(0)=\alpha(1)$인 연속함수 $\alpha : I \to X$를 기준점이 $\alpha(0)$인 **닫힌곡선**(loop)이라 한다. 기준점이 같은 두 닫힌곡선 α와 β에 대하여 두 곡선의 곱 $\alpha*\beta$를 다음과 같이 정의하자.

$$\alpha*\beta(t)=\begin{cases}\alpha(2t), & 0\le t\le \frac{1}{2}\\ \beta(2t-1), & \frac{1}{2}\le t\le 1.\end{cases}$$

$\alpha*\beta$는 α,β와 기준점이 같은 닫힌곡선이다. 즉 같은 점을 기준점으로 갖는 닫힌곡선을 모두 모아놓은 집합은 이 곡선의 곱에 대하여 닫혀 있다. 같은 기준점을 갖는 닫

힌곡선의 집합이 이 연산에 대하여 군(group)이 되었으면 매우 유용할 것이다. 하지만 이 연산은 결합법칙도 만족하지 못한다. 어떻게 하면 같은 기준점을 갖는 닫힌곡선의 집합이 이 연산에 대하여 군이 될까? 한 닫힌곡선에서 연속적으로 변형하여 다른 곡선을 얻었을 때 두 곡선을 같은 곡선으로 간주하면 이 질문에 대한 긍정적인 답을 얻는다. 한 곡선이 다른 곡선으로 연속적으로 변형된다는 것이 무슨 뜻일까? 더 일반적으로 한 연속인 함수가 다른 연속인 함수로 연속적으로 변형하는 것이 무슨 뜻일까?

정의 6.1.1 두 연속함수 $f,g:X\to Y$가 있다. 임의의 $x\in X$에 대하여

$$\begin{aligned} F(x,0) &= f(x) \\ F(x,1) &= g(x) \end{aligned}$$

를 만족하는 연속함수 $F:X\times I\to Y$가 존재하면 f가 g로 **연속변형된다**(homotopic)고 한다. 이때 F를 f와 g사이의 **연속변형함수**(homotopy)라 한다.

또한 X의 부분집합 A에 대하여 $f|_A=g|_A$일 때, 임의의 $a\in A$와 $t\in I$에 대하여

$$F(a,t)=f(a)=g(a)$$

을 만족하면 f가 g로 **A를 고정하며 연속변형된다**(relatively homotopic to A)고 한다. 이들을 각각

$$f\underset{F}{\simeq}g \quad \text{와} \quad f\underset{F}{\simeq}g\ \mathrm{rel}A$$

로 표시한다.

연속변형함수의 예를 살펴보기로 하자.

보기 6.1.2 C가 $\mathbb{R}^n$의 볼록부분집합이고 X는 위상공간이라 하자. 임의의 두 연속함수 $f,g:X\to C$에 대하여, f가 g로 연속변형됨을 보이자.

C가 볼록집합이므로 $f(x)$와 $g(x)$를 연결하는 선분은 C에 포함된다. 따라서 이 선분을 따라 f를 g로 밀어 보내면 f에서 g로의 연속변형함수를 얻을 수 있다. 즉

$$F(x,t)=(1-t)f(x)+tg(x), \qquad x\in X,\ 0\le t\le 1$$

는 f에서 g로의 연속변형함수이다. 더 나아가 만약 A가 X의 부분집합이고 임의의 $a\in A$에 대하여 $f(a)=g(a)$이면, 위의 F는 f와 g의 A를 고정하는 연속변형함수이다.

◇

보기 6.1.3 f와 g가 위상공간 X에서 S^n으로의 연속함수로 다음을 만족한다.

$$\text{임의의 } x \in X \text{에 대하여 } f(x) \neq -g(x).$$

이때 f가 g로 연속변형됨을 보이자.

$f(x) \neq -g(x)$이므로 $f(x)$와 $g(x)$를 연결한 선분은 결코 원점을 지나지 않는다. 즉, $(1-t)f(x)+tg(x) \neq 0$이다. 따라서

$$F(x,t) = \frac{(1-t)f(x)+tg(x)}{|(1-t)f(x)+tg(x)|}$$

로 정의된 사상 F는 X에서 S^n으로의 연속함수이다. 또 $F(x,0) = f(x)$이고 $F(x,1) = g(x)$이므로 F는 f에서 g로의 연속변형함수이다. ♢

보기 6.1.4 $X = \{x \in \mathbb{R}^2 \mid 1 \leq |x| \leq 2\}$라 하자. $f(x) = \frac{x}{|x|}$로 정의된 함수 $f : X \to X$가 항등함수로 연속변형됨을 보이자.

점 x와 점 $\frac{x}{|x|}$를 잇는 선분은 X에 포함되므로

$$F(x,t) = (1-t)\frac{x}{|x|} + tx$$

로 정의된 함수 $F : X \times I \to X$는 f에서 항등함수로의 연속변형함수이다. ♢

보기 6.1.5 S^1을 복소평면 $\mathbb{C}$ 위의 단위원이라 하자. S^1 위의 닫힌곡선 α와 β를 다음과 같이 정의하자.

$$\alpha(s) = \begin{cases} \exp(4\pi is), & 0 \leq s \leq \frac{1}{2} \\ \exp(4\pi i(2s-1)), & \frac{1}{2} \leq s \leq \frac{3}{4} \\ \exp(8\pi i(1-s)), & \frac{3}{4} \leq s \leq 1 \end{cases}$$

$$\beta(s) = \exp(2\pi is), \qquad 0 \leq s \leq 1$$

즉, α는 단위원을 시계 반대방향으로 두 바퀴 돈 후 시계 방향으로 한 바퀴 도는 닫힌곡선이고 β는 시계 반대방향으로 한 바퀴 도는 닫힌곡선이다. 이때

$$\alpha \simeq \beta \ \mathrm{rel}\{0,1\}$$

임을 보이자.

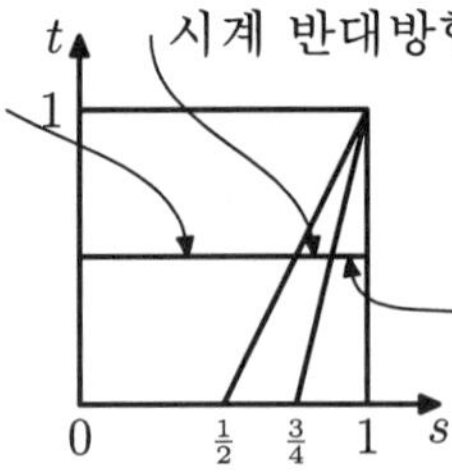

그림 6.1 보기 6.1.5 의 연속변형함수

그림 6.1 을 참조하면 α와 β 사이의 연속변형함수 $F : I \times I \to S^1$ 를 다음과 같이 정의할 수 있다.

$$F(s,t) = \begin{cases} \exp(\frac{4\pi is}{t+1}), & 0 \le s \le \frac{t+1}{2} \\ \exp(4\pi i(2s-1-t)), & \frac{t+1}{2} \le s \le \frac{t+3}{4} \\ \exp(8\pi i(1-s)), & \frac{t+3}{4} \le s \le 1 \end{cases}$$

이때 F는 연속함수이고

$$F(s,0) = \alpha(s), \qquad F(s,1) = \beta(s)$$
$$F(0,t) = 1, \qquad F(1,t) = 1$$

이므로 F는 $\{0,1\}$을 고정하는 α에서 β로의 연속변형함수이다. ◇

위상공간 X에서 위상공간 Y로의 모든 연속함수의 모임을 $\mathscr{C}(X,Y)$라 하자.

보조정리 6.1.6 $\simeq$는 $\mathscr{C}(X,Y)$에서 동치관계이다.

증명. 임의의 연속함수 $f : X \to Y$에 대하여 $F(x,t) = f(x)$라 하면

$$f \underset{F}{\simeq} f$$

이다.

또 $f \underset{F}{\simeq} g$이면 $G(x,t) = F(x,1-t)$라 하자. 이때

$$g \underset{G}{\simeq} f$$

이다.

끝으로 $f \underset{F}{\simeq} g$이고 $g \underset{G}{\simeq} h$이면,

$$H(x,t) = \begin{cases} F(x,2t), & 0 \le t \le \frac{1}{2} \\ G(x,2t-1), & \frac{1}{2} \le t \le 1 \end{cases}$$

로 정의하면

$$f \underset{H}{\simeq} h$$

이다. □

문제 6.1.7 A가 위상공간 X의 부분집합이라 하자. $f \simeq g \operatorname{rel} A$로 정의된 관계는 $\mathscr{C}(X,Y)$ 위에서 동치관계임을 보여라.

보조정리 6.1.8 X,Y,Z는 위상공간이고 $A \subset X$, $B \subset Y$라 하자. 또 함수 $f_1, f_2 : X \to Y$와 $g_1, g_2 : Y \to Z$가 다음 조건을 만족한다 가정하자.

$$\text{임의의 } a \in A \text{와 } b \in B \text{에 대하여 } f_1(a) = f_2(a),\ g_1(b) = g_2(b)$$

이때 $f_1 \simeq f_2 \operatorname{rel} A$이고 $g_1 \simeq g_2 \operatorname{rel} B$라 하면, 다음이 성립한다.

(a) $h : Y \to Z$가 연속함수라 하면 $h \circ f_1 \simeq h \circ f_2 \operatorname{rel} A$이고,

(b) $k : X \to Y$가 연속함수라 하면 $g_1 \circ k \simeq g_2 \circ k \operatorname{rel} k^{-1}(B)$이다.

증명. ((a)의 증명) $F : X \times I \to Y$가 A를 고정하는 f_1과 f_2사이의 연속변형함수라 하자. 이때 $h \circ F$는 A를 고정하는 $h \circ f_1$과 $h \circ f_2$사이의 연속변형함수가 된다.

((b)의 증명) $G : Y \times I \to Z$가 B를 고정하는 g_1과 g_2 사이의 연속변형함수라 하자. 함수 $H : X \times I \to Z$를

$$H(x,t) = G(k(x),t)$$

로 정의하면, H는 $k^{-1}(B)$를 고정하는 $g_1 \circ k$과 $g_2 \circ k$사이의 연속변형함수가 된다. □

연습문제

1. 연속함수 $f : S^1 \to S^1$가 항등함수로 연속변형되지 않는 함수이면, $f(x_0) = x_0$가 되는 점 $x_0 \in S^1$이 존재함을 보여라.

2. $f : S^1 \to S^1$가 대척함수(antipodal map), 즉 $f(x) = -x$로 정의되는 함수이면, f는 항등함수로 연속변형됨을 보여라.

3. $f : X \to S^n$가 전사함수가 아닌 연속함수이면, f는 상수함수로 연속변형됨을 보여라.

4. CY는 Y 위의 원뿔이다. 임의의 두 연속함수 $f, g : X \to CY$에 대하여 $f \simeq g$임을 보여라.

5. 연속함수 $f : X \to Y$에 대한 다음 두 명제가 동치임을 보여라.

   (a) f가 상수함수로 연속변형된다.

   (b) $\tilde{f} \circ i = f$인 연속함수 $\tilde{f} : CX \to Y$가 존재한다 (여기서 $i : X \to CX$는 포함함수(inclusion map)이다).

6.2 기본군의 정의와 기본성질

위상공간 X와 점 $x_0 \in X$에 대하여 기준점이 x_0인 X 위의 모든 닫힌곡선의 집합을 $\Omega(X, x_0)$라 하자. $\alpha_1, \alpha_2 \in \Omega(X, x_0)$에 대하여 $\alpha_1 \simeq \alpha_2 \,\mathrm{rel}\{0,1\}$일 때 $\alpha_1 \sim \alpha_2$라 정의하면 $\sim$은 $\Omega(X, x_0)$ 위의 동치관계이다. $\Omega(X, x_0)$의 원소인 α의 동치류를 $[\alpha]$로 표시하기로 하고, 두 닫힌곡선 α와 β의 동치류의 곱을 다음과 같이 정하자.

$$[\alpha] \cdot [\beta] = [\alpha * \beta]$$

여기서 $\alpha * \beta$는

$$(\alpha * \beta)(t) = \begin{cases} \alpha(2t), & 0 \le t \le \frac{1}{2} \\ \beta(2t-1), & \frac{1}{2} \le t \le 1 \end{cases}$$

로 정의되는 닫힌곡선임을 기억하자. 이때 이 곱은 상집합 $\Omega(X, x_0)/\sim$에서 잘 정의된다. 왜냐하면 $\alpha_1 \underset{F}{\simeq} \alpha_2 \,\mathrm{rel}\{0,1\}$이고 $\beta_1 \underset{G}{\simeq} \beta_2 \,\mathrm{rel}\{0,1\}$이면

$$H(s,t) = \begin{cases} F(2s, t), & 0 \le s \le \frac{1}{2} \\ G(2s-1, t), & \frac{1}{2} \le s \le 1 \end{cases}$$

로 정의한 함수 H는 $\{0,1\}$을 고정하는 $\alpha_1 * \beta_1$과 $\alpha_2 * \beta_2$ 사이의 연속변형함수이기 때문이다.

정리 6.2.1 $(\Omega(X, x_0)/\sim, \cdot)$은 군(group)이다.

증명. 연산 $\cdot$에 대하여 결합법칙이 만족하고 항등원과 역원이 존재함을 보여야 한다.

(결합법칙) x_0가 기준점인 임의의 세 닫힌곡선 α, β, γ에 대하여 $([\alpha]\cdot[\beta])\cdot[\gamma] = [\alpha]\cdot([\beta]\cdot[\gamma])$, 즉

$$(\alpha * \beta) * \gamma \simeq \alpha * (\beta * \gamma) \ \mathrm{rel}\{0,1\}$$

임을 보여야한다. $F : I \times I \to X$를

$$F(s,t) = \begin{cases} \alpha(\frac{4s}{1+t}), & 0 \le s \le \frac{t+1}{4} \\ \beta(4s-1-t), & \frac{t+1}{4} \le s \le \frac{t+2}{4} \\ \gamma(1-\frac{4(1-s)}{2-t}), & \frac{t+2}{4} \le s \le 1 \end{cases}$$

로 정의하면, F는 $\{0,1\}$을 고정하는 $(\alpha * \beta) * \gamma$와 $\alpha * (\beta * \gamma)$ 사이의 연속변형함수가 된다. 즉

$$(\alpha * \beta) * \gamma \underset{F}{\simeq} \alpha * (\beta * \gamma) \ \mathrm{rel}\{0,1\}$$

이다. 따라서 결합법칙이 성립한다. 그림 6.2는 F를 정의하는 방법을 설명해 준다.

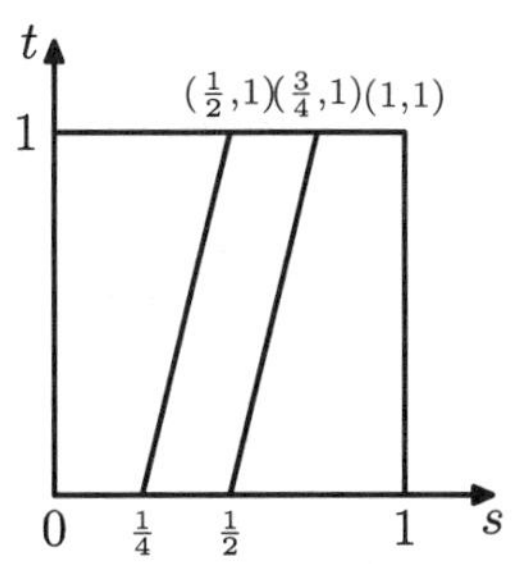

그림 6.2 결합법칙

(항등원의 존재) 모든 $s \in I$에 대하여 $C_{x_0}(s) = x_0$로 정의되는 x_0에서의 상수 곡선 C_{x_0}의 동치류 $[C_{x_0}]$이 항등원임을 보이자. 임의의 닫힌곡선 α에 대하여

$$[\alpha]\cdot[C_{x_0}] = [\alpha] = [C_{x_0}]\cdot[\alpha],$$

즉

$$\alpha * C_{x_0} \simeq \alpha \ \mathrm{rel}\{0,1\} \ \text{과} \ C_{x_0} * \alpha \simeq \alpha \ \mathrm{rel}\{0,1\}$$

임을 보여야 한다. $F: I\times I\to X$를

$$F(s,t)=\begin{cases} x_0, & 0\le s\le \frac{t}{2} \\ \alpha(\frac{2s-t}{2-t}), & \frac{t}{2}\le s\le 1 \end{cases}$$

로 정의하면, F는 $\{0,1\}$을 고정하는 α와 $C_{x_0}*\alpha$ 사이의 연속변형함수가 된다. 즉

$$\alpha \underset{F}{\simeq} C_{x_0}*\alpha \operatorname{rel}\{0,1\}$$

이다. 비슷하게 하면

$$\alpha \simeq \alpha * C_{x_0} \operatorname{rel}\{0,1\}$$

임을 보일 수 있다.

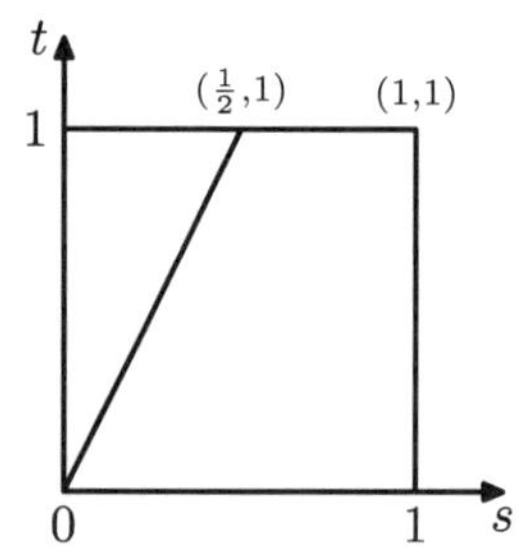

그림 6.3 항등원의 존재

(역원의 존재) 곡선 $\alpha: I\to X$에 대하여 곡선 $\overline{\alpha}: I\to X$를

$$\overline{\alpha}(t)=\alpha(1-t)$$

로 정의하자. 기준점이 x_0인 임의의 닫힌곡선 α에 대해 $[\alpha]\cdot[\overline{\alpha}]=[C_{x_0}]=[\overline{\alpha}]\cdot[\alpha]$임을 보이면 충분하다. 이는

$$\alpha*\overline{\alpha}\simeq C_{x_0}\operatorname{rel}\{0,1\} \text{ 과 } \overline{\alpha}*\alpha\simeq C_{x_0}\operatorname{rel}\{0,1\}$$

임을 보이는 것과 같다. 함수 $F: I\times I\to X$를

$$F(s,t)=\begin{cases} \alpha(2s), & 0\le s\le \frac{t}{2} \\ \alpha(t), & \frac{t}{2}\le s\le 1-\frac{t}{2} \\ \alpha(2-2s), & 1-\frac{t}{2}\le s\le 1 \end{cases}$$

로 정의하면, F는 $\{0,1\}$을 고정하는 C_{x_0}와 $\alpha * \overline{\alpha}$ 사이의 연속변형함수가 된다. 즉

$$C_{x_0} \underset{F}{\simeq} \alpha * \overline{\alpha} \text{ rel}\{0,1\}$$

이다. 그림 6.4는 함수 F를 정의하는 방법을 설명해 준다. □

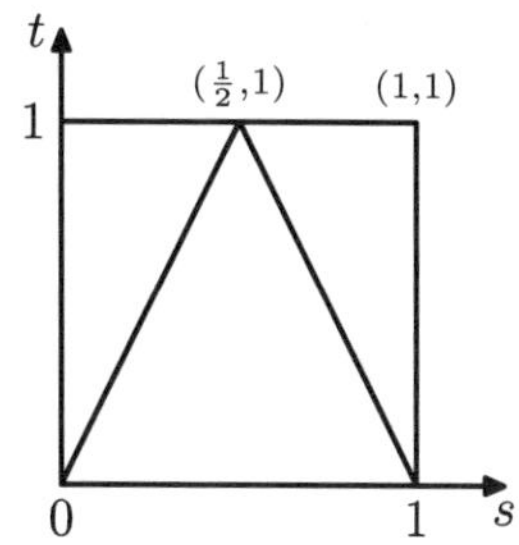

그림 6.4 역원의 존재

군 $(\Omega(X,x_0)/\sim,\cdot)$을 기준점이 x_0인 X의 **기본군**(fundamental group)이라 하고 $\pi_1(X,x_0)$로 표시한다. x_0를 기준점으로 하는 닫힌곡선은 x_0를 포함하는 X의 길연결성분(path-connected component)에 포함된다. 따라서 이 길연결성분을 X_0라 하면 $\pi_1(X,x_0) = \pi_1(X_0,x_0)$이 된다. 다른 길연결성분은 x_0를 기준점으로 하는 X의 기본군에 영향을 전혀 미치지 않는다. 기본군을 언급할 때, X가 길연결공간이라 가정하기로 하자. 정리 6.2.4에서 볼 수 있듯이 X가 길연결공간일 때 기준점을 다르게 선택하여도 기본군은 동형(isomorphic)이 된다.

X 위의 $\alpha(1) = \beta(0)$인 두 곡선 α, β에 대하여

$$(\alpha * \beta)(s) = \begin{cases} \alpha(2s), & 0 \le s \le \frac{1}{2} \\ \beta(2s-1), & \frac{1}{2} \le s \le 1 \end{cases}$$

로 정의된 $\alpha * \beta$는 시작점이 $\alpha(0)$이고 끝점이 $\beta(1)$인 곡선이다.

보조정리 6.2.2 위상공간 X 위의 곡선에 대한 다음 명제가 성립한다.

(a) $\alpha_1 \simeq \alpha_2 \operatorname{rel}\{0,1\}$ 이고 $\beta_1 \simeq \beta_2 \operatorname{rel}\{0,1\}$ 이면

$$\alpha_1 * \beta_1 \simeq \alpha_2 * \beta_2$$

이다.

(b) $\alpha(1) = \beta(0)$ 이고 $\beta(1) = \gamma(0)$ 인 곡선 α, β, γ에 대하여

$$(\alpha * \beta) * \gamma \simeq \alpha * (\beta * \gamma) \operatorname{rel}\{0,1\}$$

이다.

(c) 임의의 곡선 α 에 대하여 $\overline{\alpha}(t) = \alpha(1-t)$ 로 정의하면

$$\alpha * \overline{\alpha} \simeq C_{\alpha(0)} \operatorname{rel}\{0,1\} \text{과 } \overline{\alpha} * \alpha \simeq C_{\alpha(1)} \operatorname{rel}\{0,1\}$$

이 성립한다.

문제 6.2.3 위 보조정리를 증명하여라.

정리 6.2.4 위상공간 X가 길연결공간이고 $x_0, x_1 \in X$이면 $\pi_1(X, x_0)$와 $\pi_1(X, x_1)$은 동형군이다.

증명. X가 길연결공간이므로 $\gamma(0) = x_0$, $\gamma(1) = x_1$ 인 곡선 $\gamma : I \to X$가 있다. 함수 $\Phi : \pi_1(X, x_0) \to \pi_1(X, x_1)$을

$$\Phi([\alpha]) = [\overline{\gamma} * \alpha * \gamma]$$

로 정의하자 (그림 6.5 참조). 기준점이 x_0 인 닫힌곡선 α_1, α_2 에 대하여 $\alpha_1 \simeq \alpha_2$ 이면 보조정리 6.2.2 를 적용하면

$$\overline{\gamma} * \alpha_1 * \gamma \simeq \overline{\gamma} * \alpha_2 * \gamma \operatorname{rel}\{0,1\}$$

이므로 Φ는 잘 정의된 함수이고 x_0가 기준점인 임의의 폐곡선 α, α' 에 대하여 보조정리 6.2.2 를 적용하면

$$\overline{\gamma} * (\alpha * \alpha') * \gamma \simeq (\overline{\gamma} * \alpha * \gamma) * (\overline{\gamma} * \alpha' * \gamma)$$

이므로

$$\Phi([\alpha]\cdot[\alpha']) = \Phi([\alpha])\cdot\Phi([\alpha'])$$

이다. 즉, Φ는 준동형사상(homomorphism)이다.

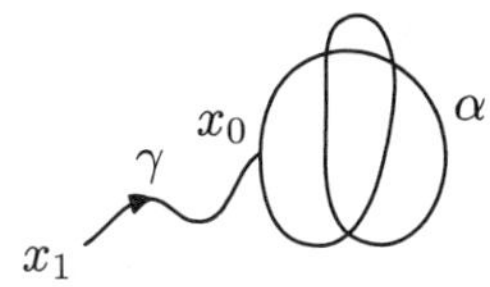

그림 6.5 함수 Φ

비슷하게 $\Psi : \pi_1(X,x_1) \to \pi_1(X,x_0)$를

$$\Psi([\beta]) = [\gamma * \beta * \overline{\gamma}]$$

로 정의하면 Ψ는 잘 정의된 준동형사상이다. 또한

$$\gamma * \overline{\gamma} * \alpha * \gamma * \overline{\gamma} \simeq \alpha \text{ rel}\{0,1\}$$

이므로

$$\Psi \circ \Phi = 1_{\pi_1(X,x_0)}$$

이고,

$$\overline{\gamma} * \gamma * \beta * \overline{\gamma} * \gamma \simeq \beta \text{ rel}\{0,1\}$$

이므로

$$\Phi \circ \Psi = 1_{\pi_1(X,x_1)}$$

이 성립한다. 따라서

$$\pi_1(X,x_0) \cong \pi_1(X,x_1)$$

이다. □

위 정리에서 밝혔듯이 동형군을 같은 군이라 간주하면 길연결공간의 기본군은 기준점의 위치와는 무관하게 결정된다. 그래서 때로는 기준점을 표시하지 않고 $\pi_1(X)$와 같이 표시하기도 한다.

지금까지 우리는 위상공간에 기본군이라는 군을 대응시켰다. 그렇다면 위상공간 사이의 연속함수를 기본군과 연관시킬 수 없을까? 결론부터 이야기하면, 위상공간 사이의 연속사상에는 기본군 사이의 준동형사상을 대응시킬 수 있다. 사상 $f:X\to Y$가 $f(x_0)=y_0$를 만족하면 $f:(X,x_0)\to(Y,y_0)$로 표시하기로 하자. 연속사상 $f:(X,x_0)\to(Y,y_0)$에 대하여, 사상 $f_*:\pi_1(X,x_0)\to\pi_1(Y,y_0)$를

$$f_*([\alpha]) = [f\circ\alpha]$$

로 정의하면, f_*는 잘 정의된 준동형사상이 된다.

정리 6.2.5 $f_*:\pi_1(X,x_0)\to\pi_1(Y,y_0)$는 잘 정의된 준동형사상이다.

증명. $\alpha\simeq\beta\,\mathrm{rel}\{0,1\}$이면 보조정리 6.1.8 에 의하여

$$f\circ\alpha\simeq f\circ\beta\ \mathrm{rel}\{0,1\}$$

이다. 따라서 f_*는 잘 정의된다. 또

$$f\circ(\alpha*\beta) = (f\circ\alpha)*(f\circ\beta)$$

이므로

$$f_*([\alpha]\cdot[\beta]) = f_*([\alpha])\cdot f_*([\beta])$$

이다. 즉, f_*는 준동형사상이다. □

정리 6.2.6 연속함수 $f:X\to Y$와 $g:Y\to Z$에 대하여

$$(g\circ f)_* = g_*\circ f_*$$

이고 항등함수 $1_X:X\to X$에 대하여 $1_{X*}:\pi_1(X,x_0)\to\pi_1(X,x_0)$는 항등사상이다.

문제 6.2.7 위 정리를 증명하여라.

$f:X\to Y$가 위상동형사상이라 하자. f^{-1}를 역사상이라 하면

$$f^{-1}\circ f=1_X,\qquad f\circ f^{-1}=1_Y$$

이므로 위 정리에 의하면

$$f_*^{-1}\circ f_*=1_{\pi_1(X)},\qquad f_*\circ f_*^{-1}=1_{\pi_1(Y)}$$

이다. 따라서 f_* 는 동형사상이다. 즉, 두 위상공간 X와 Y가 위상동형이면 그 기본군 $\pi_1(X)$와 $\pi_1(Y)$는 동형군이다. 그러므로 만약 주어진 두 위상공간의 기본군이 동형이 아니면 두 공간은 위상동형이 아님을 알 수 있다. 기본군은 위상공간을 구분짓는 중요한 수단이다. 뒤에 나오는 절에서 기본군을 이용하여 위상공간을 구분하는 예를 볼 것이다.

보기 6.2.8 X가 $\mathbb{R}^n$의 볼록집합일 때, $\pi_1(X,x_0) \cong \{1\}$임을 보이자.

보기 6.1.2 에 의하면 기준점이 x_0 인 임의의 닫힌곡선은 상수곡선 C_{x_0} 에 연속적으로 변형된다. 따라서 $\pi_1(X,x_0) \cong \{1\}$ 이다. ◇

앞의 보기에서와 같이 그 기본군이 $\{1\}$ 인 위상공간을 **단순연결공간**(simply connected space) 이라 한다.

6.3 원의 기본군

이 절의 목표는 원의 기본군을 계산하는 것이다. 원의 기본군을 계산하기 위해서는 원 S^1 을 복소평면 $\mathbb{C}$의 원점이 중심인 단위원이라 할 때

$$p(t) = e^{2\pi it} = \cos 2\pi t + \sin 2\pi t$$

로 정의된 함수 $p : \mathbb{R} \to S^1$ 의 특성을 잘 살펴보아야 한다.

문제 6.3.1 S^1 위의 각 점 x에 대하여 다음 성질을 갖는 x를 포함하는 열린집합 U가 존재함을 보여라.

(i) $p^{-1}(U) = \cup_{i\in\mathbb{Z}} U_i$

(ii) $i \neq j$ 이면 $U_i \cap U_j = \varnothing$

(iii) $p|_{U_i} : U_i \to U$는 위상동형사상이다.

보조정리 6.3.2 $\sigma(0) = 1$ 인 곡선 $\sigma : I \to S^1$ 에 대하여

$$p \circ \tilde{\sigma} = \sigma, \quad \tilde{\sigma}(0) = 0$$

인 곡선 $\tilde{\sigma} : I \to \mathbb{R}$ 이 오직 하나 존재한다.

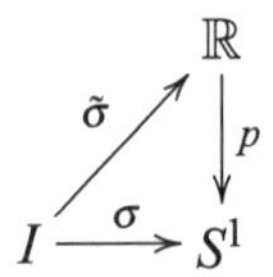

증명. (곡선 $\tilde{\sigma}$ 의 존재) $U = S^1 \setminus \{-1\}$, $V = S^1 \setminus \{1\}$ 라 하자. 이 때 U 와 V 는 S^1 에서 열린집합으로

$$p^{-1}(U) = \bigcup_{n \in \mathbb{Z}} \left(n - \frac{1}{2}, n + \frac{1}{2}\right)$$
$$p^{-1}(V) = \bigcup_{n \in \mathbb{Z}} (n, n+1)$$

을 만족한다. 또

$$p|_{(n-\frac{1}{2}, n+\frac{1}{2})} : \left(n - \frac{1}{2}, n + \frac{1}{2}\right) \to U$$

와

$$p|_{(n,n+1)} : (n, n+1) \to V$$

가 위상동형사상이다. 이제 $U \cup V = S^1$ 이므로 $\{\sigma^{-1}(U), \sigma^{-1}(V)\}$ 는 I 의 열린덮개(open cover)이다. I 가 옹골공간이므로 Lebesque 보조정리에 의하면

$$[t_i, t_{i+1}] \subset \sigma^{-1}(U) \text{ 또는 } [t_i, t_{i+1}] \subset \sigma^{-1}(V) \quad i = 0, 1, \cdots, m-1$$

을 만족하는 점 $0 = t_0 < t_1 < \cdots < t_m = 1$ 이 존재한다. 이제 귀납적으로 $p \circ \sigma_i(t) = \sigma(t)$ 이고 $\sigma_i(t_0) = 0$ 인 곡선 $\sigma_i : [t_0, t_i] \to \mathbb{R}$ 을 찾기로 하자.

먼저 $[t_0, t_1] \subset \sigma^{-1}(U)$ 이므로

$$\sigma_1(t) = p|^{-1}_{(-\frac{1}{2}, \frac{1}{2})} \circ \sigma(t)$$

로 곡선 $\sigma_1 : [t_0, t_1] \to \mathbb{R}$ 을 정의할 수 있고 $p \circ \sigma_1(t) = \sigma(t)$ 이다. 또

$$p \circ \sigma_1(0) = 1 \qquad p^{-1}(1) \cap \left(-\frac{1}{2}, \frac{1}{2}\right) = \{0\}$$

이므로 $\sigma_1(0) = 0$이다. 이제 $t \in [t_0, t_i]$에 대하여 $p \circ \sigma_i(t) = \sigma(t)$이고 $\sigma_i(t_0) = 0$인 곡선 $\sigma_i : [t_0, t_i] \to \mathbb{R}$이 존재한다고 가정해 보자. $\sigma([t_i, t_{i+1}]) \subset U$일 경우 $\sigma_i(t_i) \in (n - \frac{1}{2}, n + \frac{1}{2})$인 자연수 n을 택하여

$$\sigma_{i+1}(t) = \begin{cases} \sigma_i(t), & t_0 \leq t \leq t_i \\ p|^{-1}_{(n-\frac{1}{2}, n+\frac{1}{2})} \circ \sigma(t), & t_i \leq t \leq t_{i+1} \end{cases}$$

로 정의하자.

$$\sigma_i(t_i) = p|^{-1}_{(n-\frac{1}{2}, n+\frac{1}{2})} \circ \sigma(t_i)$$

이므로 붙임보조정리 2.2.8에 의하여 $\sigma_{i+1} : [t_0, t_{i+1}] \to \mathbb{R}$는 곡선이 된다. 또한 $p \circ \sigma_{i+1}(t) = \sigma(t)$이 성립한다. $\sigma([t_i, t_{i+1}]) \subset V$일 경우 $\sigma_i(t_i) \in (n, n+1)$인 자연수 n을 택하여

$$\sigma_{i+1}(t) = \begin{cases} \sigma_i(t), & t_0 \leq t \leq t_i \\ p|^{-1}_{(n,n+1)} \circ \sigma(t), & t_i \leq t \leq t_{i+1} \end{cases}$$

로 곡선 $\sigma_{i+1} : [t_0, t_{i+1}] \to \mathbb{R}$을 정의하자. 이 경우도 마찬가지로 $p \circ \sigma_{i+1}(t) = \sigma(t)$이다. 따라서 수학적 귀납법에 의하여, $1 \leq i \leq m$인 각 자연수 i에 대하여 $p \circ \sigma_i(t) = \sigma(t)$이고 $\sigma_i(0) = 0$인 곡선 $\sigma_i : [t_0, t_i] \to \mathbb{R}$이 존재함을 알 수 있다. $\tilde{\sigma} := \sigma_m$이라 정의하면 곡선 $\tilde{\sigma} : [0,1] \to \mathbb{R}$는

$$p \circ \tilde{\sigma} = \sigma, \quad \tilde{\sigma}(0) = 0$$

을 만족하는 곡선이다.

(곡선 $\tilde{\sigma}$의 유일함) $\tilde{\sigma}_1 : [0,1] \to \mathbb{R}$을

$$p \circ \tilde{\sigma}_1(t) = \sigma(t), \quad \tilde{\sigma}_1(0) = 0$$

을 만족하는 곡선이라 하자. $\tilde{\sigma}(t) = \tilde{\sigma}_1(t)$임을 보여야 한다. 이는

$$A := \{t \in I \mid \tilde{\sigma}(t) = \tilde{\sigma}_1(t)\}$$

라 할 때 $A = I$임을 보이는 것과 마찬가지이다. $0 \in A$이므로 $A \neq \varnothing$이다. I가 연결집합이므로 A가 열린집합인 동시에 닫힌집합임을 보이면 충분하다.

먼저 A가 열린집합임을 보이기로 하자. A의 임의의 점을 s_0라 하자.

$$x_0 := p \circ \tilde{\sigma}(s_0) = p \circ \tilde{\sigma}_1(s_0)$$

라 하면 $x_0 \in U$ 또는 $x_0 \in V$ 이다. $x_0 \in V$ 라 가정하자 ($x_0 \in U$ 일 경우도 마찬가지이다).

$$p^{-1}(V) = \cup_{n\in\mathbb{Z}}(n,n+1)$$

이므로 $\tilde{\sigma}(s_0) = \tilde{\sigma}_1(s_0) \in (n,n+1)$ 인 정수 n 이 존재한다. $\tilde{\sigma}$ 와 $\tilde{\sigma}_1$ 가 연속함수이므로

$$\tilde{\sigma}(O) \subset (n,n+1), \quad \tilde{\sigma}_1(O) \subset (n,n+1)$$

인 s_0 를 포함하는 열린구간 O가 존재한다. $p|_{(n,n+1)} : (n,n+1) \to V$ 가 위상동형사상이므로 $t \in O$ 에 대하여

$$\begin{aligned}\tilde{\sigma}(t) &= p|^{-1}_{(n,n+1)} \circ p \circ \tilde{\sigma}(t) \\ &= p|^{-1}_{(n,n+1)} \circ \sigma(t) \\ &= p|^{-1}_{(n,n+1)} \circ p \circ \tilde{\sigma}_1(t) \\ &= \tilde{\sigma}_1(t)\end{aligned}$$

이다. 따라서 $O \subset A$ 이므로 A 는 열린집합이다.

이제 A가 닫힌집합임을 보이기 위하여 $I \setminus A$가 열린집합임을 보이겠다. 우선 s_1 을 $I \setminus A$ 의 임의의 원소라 하자.

$$x_1 := p \circ \tilde{\sigma}(s_1) = p \circ \tilde{\sigma}_1(s_1)$$

이라 하고 $x_1 \in V$ 라 가정하자 ($x_1 \in U$ 인 경우도 마찬가지이다). $\tilde{\sigma}(s_1) \neq \tilde{\sigma}_1(s_1)$ 이므로

$$\tilde{\sigma}(s_1) \in (n,n+1), \quad \tilde{\sigma}_1(s_1) \in (m,m+1)$$

인 서로 다른 정수 m,n 이 있다. $\tilde{\sigma}$ 와 $\tilde{\sigma}_1$ 이 연속이므로

$$\tilde{\sigma}(O) \subset (n,n+1), \quad \tilde{\sigma}_1(O) \subset (m,m+1)$$

을 만족하는 s_1 을 포함하는 열린구간 O가 존재한다. $(n,n+1) \cap (m,m+1) = \varnothing$ 이므로 $t \in O$ 에 대하여

$$\tilde{\sigma}(t) \neq \tilde{\sigma}(t)$$

이다. 따라서 $O \subset I \setminus A$ 즉 $I \setminus A$ 는 열린집합이다. □

앞의 보조정리에서 얻어진 $\tilde{\sigma}$를 σ의 **올림곡선**(lifting)이라 한다. 위 보조정리의 증명과 같은 방법을 사용하면 다음 보조정리를 얻을 수 있다.

보조정리 6.3.3 모든 $t \in I$에 대하여

$$F(0,t) = F(1,t) = 1$$

를 만족하는 연속함수 $F : I \times I \to S^1$ 에 대하여

$$p \circ \tilde{F} = F, \quad \tilde{F}(0,t) = 0, t \in I$$

를 만족하는 연속함수

$$\tilde{F} : I \times I \to \mathbb{R}$$

이 유일하게 존재한다.

보조정리 6.3.3 에 따르면

$$\sigma \simeq \tau \text{rel}\{0,1\}$$

인 S^1 위의 닫힌곡선 σ와 τ의 올림곡선 $\tilde{\sigma}$와 $\tilde{\tau}$가

$$\tilde{\sigma}(0) = \tilde{\tau}(0)$$

이면

$$\tilde{\sigma}(1) = \tilde{\tau}(1)$$

임을 알 수 있다.

문제 6.3.4 보조정리 6.3.3 을 증명하여라.

지금부터 S^1 의 기본군이 정수군과 동형임을 보이겠다. 임의의 정수 n에 대하여 곡선 $\gamma_n : I \to \mathbb{R}$을

$$\gamma_n(s) = ns$$

로 정의하자. 이 곡선 γ_n은 0과 n을 연결하는 공간 $\mathbb{R}$ 위의 곡선이다. 또한 $p \circ \gamma_n$은 n이 양수이면 S^1 을 시계반대방향으로 n번 감는 닫힌곡선이고, n이 음수이면 S^1 을 시계방향으로 $-n$번 감는 닫힌곡선이다.

정리 6.3.5

$$\phi(n) = [p \circ \gamma_n]$$

으로 정의한 사상 $\phi : \mathbb{Z} \to \pi_1(S^1, 1)$가 동형사상이다.

증명. (ϕ는 준동형사상) $\phi(m+n) = \phi(m) \cdot \phi(n)$임을 보여야 한다.
곡선 $\sigma : I \to \mathbb{R}$을

$$\sigma(s) = m + ns$$

로 정의하자. 이 때

$$p \circ \gamma_n = p \circ \sigma$$

이고 $\gamma_m * \sigma$는 시작점이 0이고 끝점이 $m+n$인 곡선이다. $\mathbb{R}$이 볼록집합이므로 보기 6.1.2 에서처럼

$$\gamma_{m+n} \simeq \gamma_m * \sigma \text{ rel}\{0,1\}$$

이다. 따라서

$$\begin{aligned}
\phi(m+n) &= [p \circ \gamma_{m+n}] \\
&= [p \circ (\gamma_m * \sigma)] \\
&= [p \circ \gamma_m] \cdot [p \circ \sigma] \\
&= [p \circ \gamma_m] \cdot [p \circ \gamma_n] \\
&= \phi(m) \cdot \phi(n)
\end{aligned}$$

이다.

(ϕ가 전사함수) α가 시작점과 끝점이 1인 S^1 위의 닫힌곡선이라고 하자. $\phi(n) = [\alpha]$인 정수 n이 있음을 보여야 한다. 보조정리 6.3.2 에 의하면 $\gamma(0) = 0$이고 $p \circ \gamma = \alpha$인 곡선 $\gamma : I \to \mathbb{R}$가 존재한다. $\gamma(1) = n$이라 놓으면 $\gamma_n \simeq \gamma \text{ rel}\{0,1\}$이므로

$$\phi(n) = [p \circ \gamma_n] = [p \circ \gamma] = [\alpha]$$

이다.

(ϕ가 단사함수) $\phi(n)$이 $\pi_1(S^1, 1)$의 항등원일 때 $n = 0$임을 보여야 한다. $\phi(n) = [p \circ \gamma_n]$이 항등원이므로

$$p \circ \gamma_n \simeq C_1 \text{ rel}\{0,1\}$$

이다. 여기서 C_1 는 S^1 에서 1 에서 상수함수이다. C_0 를 $\mathbb{R}$ 위의 0 에서 상수함수라 하면, $p \circ C_0 = C_1$ 이다. 보조정리 6.3.3 에 의하면 $\gamma_n \cong C_0 \operatorname{rel}\{0,1\}$ 이다. 따라서

$$n = \gamma_n(1) = C_0(1) = 0$$

이다. □

6.4 호모토피형

앞 절에서 보았듯이 기본군은 위상동형사상에 의하여는 변하지 않는다. 이 절에서는 기본군을 바꾸지 않는 함수의 모임에 대하여 알아보고자 한다. 이를 이용하여 주어진 위상공간의 기본군을 좀더 기본군 계산이 쉬운 공간으로 변형하여 계산할 것이다.

정의 6.4.1 두 위상공간 X와 Y에 대하여

$$g \circ f \simeq 1_X, \qquad f \circ g \simeq 1_Y$$

을 만족하는 연속사상 $f : X \to Y$와 $g : Y \to X$가 존재하면 X와 Y는 **호모토피형이 같다**(homotopically equivalent)고 하고 $X \simeq Y$로 표시하기로 하자. 이때 연속사상 f와 g를 **호모토피 동형사상**(homotopy equivalence)이라 하고 g를 f의 **호모토피 역상**(homotopy inverse)이라 한다.

문제 6.4.2 호모토피 동형관계 $\simeq$는 위상공간의 모임상에서 동치관계임을 보여라.

호모토피 동형사상의 가장 간단한 예는 위상동형사상이다. 위상동형사상 이외의 유용한 호모토피 동형사상을 살펴보기로 하자. X가 위상공간이고 A가 X의 부분집합일 때, 조건

$$\text{모든 } a \in A \text{에 대하여 } r(a) = a$$

를 만족하는 연속사상 $r : X \to A$을 **수축사상**(retraction)이라 한다. 이때 A를 X의 **수축**(retract)이라 한다. 포함사상 $i : A \to X$에 대하여

$$i \circ r \simeq 1_X$$

인 수축사상 $r : X \to A$가 존재하면 A를 X의 **변형수축**(deformation retract)이라 한다. 변형수축의 정의를 좀더 자세히 쓰면 다음과 같다.

정의 6.4.3 A를 위상공간 X의 부분집합이라 하자.

$$F(x,0) = x, \quad x \in X$$
$$F(x,1) = r(x), \quad x \in X$$

을 만족하는 수축사상 $r : X \to A$과 연속변형사상 $F : X \times I \to X$가 존재하면 A를 X의 **변형수축**이라 한다. 위 연속변형사상 F가 조건

$$F(a,t) = a, \quad a \in A, t \in I$$

을 추가로 만족하면 A를 X의 **강한 변형수축**(strong deformation retract)이라 한다.

A가 X의 변형수축일 때

$$r \circ i = 1_A, \qquad i \circ r \simeq 1_X$$

이므로 A와 X의 호모토피형이 같다.

보기 6.4.4 X를 $\mathbb{R}^n$의 볼록집합이라 하고 x_0를 X의 한 점이라 하자. $F : X \times I \to X$를

$$F(x,t) = (1-t)x + tx_0$$

로 정의하면, F는 연속사상으로

$$F(x,0) = x, \quad x \in X$$
$$F(x,1) = x_0, \quad x \in X$$
$$F(x_0,t) = x_0, \quad t \in I$$

를 만족하므로 $\{x_0\}$는 X의 강한 변형수축이다. ◇

위의 보기에서처럼 위상공간 X가 "$\{x_0\}$가 X의 변형수축, 즉 $1_X \simeq C_{x_0}$ (여기서 C_{x_0}는 함수값이 x_0인 상수함수)"인 점 x_0를 포함하면 X를 **한 점으로 줄일 수 있는**(contractible to a point) 공간이라 한다.

문제 6.4.5 X가 한 점으로 줄일 수 있는 공간이면, X의 기본군이 $\{1\}$임을 보여라.

보기 6.4.6 S^{n-1}은 $\mathbb{R}^n \setminus \{0\}$의 변형수축이다. 그 이유는 다음과 같다.

함수 $r : \mathbb{R}^n \setminus \{0\} \to S^{n-1}$을

$$r(x) = \frac{x}{|x|}$$

로 정의하고, $i : S^{n-1} \to \mathbb{R}^n \setminus \{0\}$을 포함함수, 즉 $i(x) = x$인 함수라 하면 r이 수축함수임은 자명하다. 또 $F : \mathbb{R}^n \setminus \{0\} \times I \to \mathbb{R}^n \setminus \{0\}$를

$$F(x,t) = (1-t)x + tr(x)$$

로 정의하면 F는 연속함수로

$$F(x,0) = x, \quad x \in \mathbb{R}^n \setminus \{0\}$$
$$F(x,1) = r(x), \quad x \in \mathbb{R}^n \setminus \{0\}$$

을 만족한다. 따라서 S^{n-1}은 $\mathbb{R}^n \setminus \{0\}$의 변형수축이 된다. ◇

이제 호모토피형이 같은 두 길연결공간은 서로 동형인 기본군을 지님을 보이기로 하자. 그 첫 단계로 서로 연속변형되는 두 연속함수에서 유도되는 기본군 사이의 준동형사상은 본질적으로 같음을 보이기로 하겠다.

정리 6.4.7 연속함수 $f, g : X \to Y$에 대하여

$$f \underset{F}{\simeq} g \text{ 이면 } g_* = \gamma_* \circ f_*$$

이다. 여기서 $\gamma_* : \pi_1(Y, f(x_0)) \to \pi_1(Y, g(x_0))$는 시작점이 $f(x_0)$이고 끝점이 $g(x_0)$인 Y 위의 곡선

$$\gamma : I \longrightarrow Y, \quad \gamma(s) = F(x_0, s)$$

에 의하여 유도되는 동형사상이고 (정리 6.2.4 참조)

$$f_* : \pi_1(X, x_0) \to \pi_1(Y, f(x_0))$$

와

$$g_* : \pi_1(X, x_0) \to \pi_1(Y, g(x_0))$$

는 각각 f와 g에 의하여 유도되는 준동형사상이다.

증명. α를 기준점이 x_0 인 X 위의 단힌곡선이라 하자.

$$g_*([\alpha]) = \gamma_* \circ f_*([\alpha])$$

임을 보여야 한다. 즉

$$g \circ \alpha \simeq \overline{\gamma} * (f \circ \alpha) * \gamma \operatorname{rel}\{0,1\}$$

임을 보여야 한다.

먼저

$$G(s,t) = F(\alpha(s),t)$$

로 정의한 함수 $G: I \times I \to Y$는 $f \circ \alpha$와 $g \circ \alpha$ 사이의 연속변형함수이다. 이때

$$G(0,t) = \gamma(t) = G(1,t)$$

임을 주목하자(그림 6.6 참조).

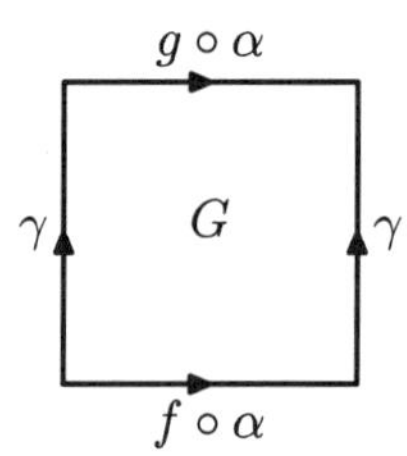

그림 6.6 연속변형함수 G

그림 6.7 를 참조하면 G를 이용하여 $g \circ \alpha$와 $\overline{\gamma} * (f \circ \alpha) * \gamma$사이의 연속변형함수 H를 다음과 같이 정의하면 원하는 결과를 얻는다.

$$H(s,t) = \begin{cases} \gamma(1-4s), & 0 \le s \le \frac{1-t}{4} \\ G(\frac{4s+t-1}{3t+1},t), & \frac{1-t}{4} \le s \le \frac{1+t}{2} \\ \gamma(2s-1), & \frac{1+t}{2} \le s \le 1 \end{cases}$$

□

정리 6.4.8 길연결공간 X와 Y의 호모토피형이 같으면 $\pi_1(X)$와 $\pi_1(Y)$는 동형군이다.

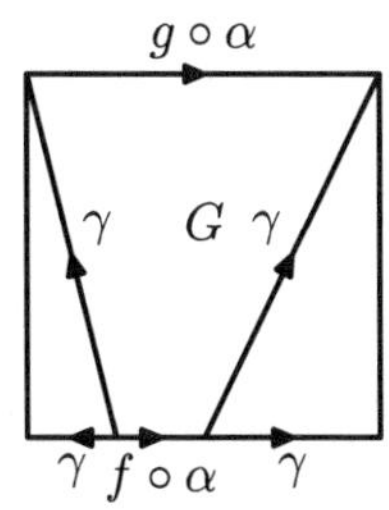

그림 6.7 연속변형함수 H

증명. $X \simeq Y$ 이므로

$$1_X \underset{F}{\simeq} g \circ f, \qquad 1_Y \underset{G}{\simeq} f \circ g$$

를 만족하는 연속함수 $f : X \to Y$ 와 $g : Y \to X$가 존재한다. $x_0 = g(y_0)$가 되도록 $x_0 \in X$와 $y_0 \in Y$를 선택하자. 이때

$$f_* : \pi_1(X, x_0) \to \pi_1(Y, f(x_0))$$

가 동형사상임을 보이면 충분하다.

$$\gamma(s) = F(x_0, s)$$

로 정의한 곡선 γ는 시작점이 x_0 이고 끝점이 $g \circ f(x_0)$ 이다. 정리 6.4.7 에 의하면

$$(g \circ f)_* = \gamma_* : \pi_1(X, x_0) \to \pi_1(X, g \circ f(x_0))$$

이다. 따라서 $(g \circ f)_*$ 는 동형사상이다. $(g \circ f)_*$ 는

$$f_* : \pi_1(X, x_0) \to \pi_1(Y, f(x_0))$$

와

$$g_* : \pi_1(Y, f(x_0)) \to \pi_1(X, g \circ f(x_0))$$

의 합성함수이므로 f_*가 단사함수이다.

한편

$$\sigma(s) = G(y_0, s)$$

로 정의한 곡선 σ는 시작점이 y_0 이고 끝점이 $f \circ g(y_0) = f(x_0)$ 이다. 정리 6.4.7 에 의하면

$$(f \circ g)_* = \sigma_* : \pi_1(Y, y_0) \to \pi_1(Y, f(x_0))$$

이다. 따라서 $f_* \circ g_* = (f \circ g)_*$는 동형사상이다. 그러므로 f_*는 전사함수이다. 종합하면 f_*는 동형사상이다. □

Möbius 띠, 원기둥, 평면에서 한 점이 빠진 공간 $\mathbb{R}^2 \setminus \{(0,0)\}$, 속이 찬 원환체(solid torus)는 모두 단위원 S^1과 호모토피형이 같다. 따라서 이들의 기본군은 모두 정수군이 됨을 알 수 있다.

문제 6.4.9 Möbius 띠의 중심원은 Möbius 띠의 변형수축임을 보여라.

문제 6.4.10 X와 Y가 호모토피형이 같으면 다음 두 명제가 동치임을 보여라.

(a) X가 길연결공간이다.

(b) Y가 길연결공간이다.

한 점으로 줄일 수 있는 공간에 대한 다음 결과는 기억해 둘 만하다.

정리 6.4.11

(a) 위상공간 X가 한 점으로 이루어진 공간과 호모토피형이 같은 것은 X가 한 점으로 줄일 수 있는 공간일 필요충분조건이다.

(b) 임의의 두 연속함수 $f, g : X \longrightarrow Y$에 대하여, Y가 한 점으로 줄일 수 있는 공간이면 $f \simeq g$이다.

(c) X가 한 점으로 줄일 수 있는 공간이면 임의의 $x \in X$에 대해 $1_X \simeq C_x$이다.

문제 6.4.12 위 정리를 증명하여라.

보기 6.4.13 **8자 공간과 호모토피형이 같은 공간**

(a) 원판에서 두 점을 제거하여 얻은 공간: 그림 6.8은 원판에서 두 점을 뺀 공간을 8자 공간으로 변형수축하는 방법을 보여준다.

(b) 원환체에서 한 점을 빼서 얻은 공간: 그림 6.9는 원환체에서 8자 공간으로 변형수축하는 방법을 보여준다.

◇

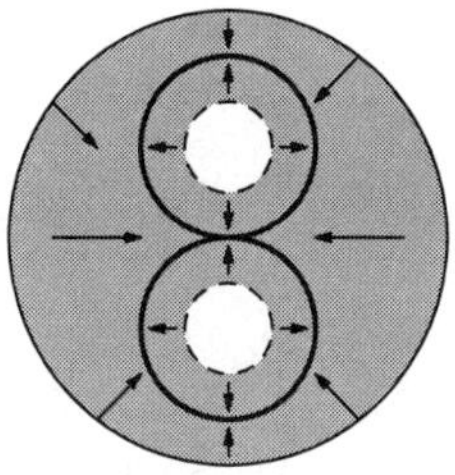

그림 6.8 원판에서 두 점을 제거한 공간

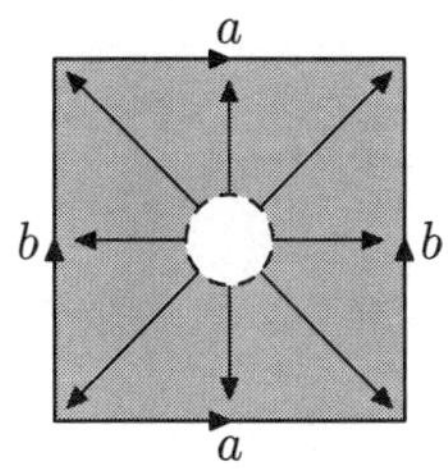

그림 6.9 원환체에서 한 점을 제거한 공간

6.5 기본군의 계산

위상공간 X와 Y의 기본군을 이용하여 $X\times Y$의 기본군을 표현할 수 있다면 기본군의 계산에 매우 유용할 것이다. 다음 정리는 $X\times Y$의 기본군이 어떻게 되는지를 설명해 준다.

정리 6.5.1 X와 Y가 길연결공간일 때,

$$\pi_1(X\times Y)\cong\pi_1(X)\times\pi_1(Y)$$

이 성립한다.

증명. $x_0\in X$, $y_0\in Y$, $(x_0,y_0)\in X\times Y$를 기준점으로 선택하자.

$$p_1(x,y)=x,\qquad p_2(x,y)=y$$

로 정의된 함수 $p_1 : X \times Y \to X$와 $p_2 : X \times Y \to Y$를 이용하여 함수

$$\phi : \pi_1(X \times Y, (x_0, y_0)) \to \pi_1(X, x_0) \times \pi_1(Y, y_0)$$

를

$$\phi([\alpha]) = ([p_1 \circ \alpha], [p_2 \circ \alpha])$$

로 정의하면 ϕ가 잘 정의됨은 자명하다. 또 p_{1*}와 p_{2*}가 준동형사상이므로 ϕ도 준동형사상이다.

(ϕ가 단사함수) $\phi([\alpha])$가 항등원, 즉

$$p_1 \circ \alpha \underset{F}{\simeq} C_{x_0}, \quad p_2 \circ \alpha \underset{G}{\simeq} C_{y_0}$$

이면

$$H(s,t) = (F(s,t), G(s,t))$$

로 정의한 함수 $H : I \times I \to X \times Y$가 α에서 상수곡선 $C_{(x_0,y_0)}$으로의 연속변형함수임을 알 수 있다. 따라서

$$\alpha \simeq C_{(x_0,y_0)}$$

이다.

(ϕ가 전사함수) 기준점이 x_0인 X 위의 닫힌곡선 β와 기준점이 y_0인 Y 위의 닫힌곡선 γ에 대하여

$$\alpha(s) = (\beta(s), \gamma(s))$$

로 $X \times Y$ 위의 닫힌곡선 α를 정의하면, $p_1 \circ \alpha = \beta$이고 $p_2 \circ \alpha = \gamma$이므로

$$\phi([\alpha]) = ([\beta], [\gamma])$$

가 성립한다. □

보기 6.5.2 $T \cong S^1 \times S^1$이므로

$$\pi_1(T) \cong \mathbb{Z} \times \mathbb{Z}$$

이다. ◇

기본군을 계산하는 데 가장 유용한 도구 중의 하나가 Van-Kampen 정리이다(부록 참고). 증명 없이 이 정리의 특별한 경우 두 가지를 소개하기로 한다.

정리 6.5.3 U와 V는 길연결공간 X의 열린집합으로 길연결집합이고 $X = U \cup V$를 만족한다. 또 $U \cap V$가 길연결집합이고 $x_0 \in U \cap V$라 하자.

(1) $U \cap V$가 단순연결공간이면

$$\pi_1(X, x_0) \cong \pi_1(U, x_0) * \pi_1(V, x_0)$$

이고 (단, $*$는 자유곱을 의미함. 부록 참고)

(2) V가 단순연결공간이면 N을 $i_*(\pi_1(U \cap V, x_0))$를 포함하는 가장 작은 정규부분군이라 할 때

$$\pi_1(X, x_0) \cong \pi_1(U, x_0)/N$$

이다 (여기서 $i : U \cap V \to U$는 포함함수이다).

이 정리를 이용하여 몇 가지 공간의 기본군을 계산하여 보자.

보기 6.5.4 8자 공간의 기본군을 구해 보자.

X를 8자 공간이라 하자. 그림 6.10 처럼 U와 V를 선택하면 $U \cap V$가 점 x_0로 수축가능하므로 Van-Kampen 정리에 의하면

$$\pi_1(X, x_0) \cong \pi_1(U, x_0) * \pi_1(V, x_0)$$

이다. 그런데 U와 V가 모두 S^1과 호모토피형이 같으므로 X의 기본군은

$$\pi_1(X, x_0) \cong \mathbb{Z} * \mathbb{Z}$$

이다. ◊

보기 6.5.5 원환체의 기본군을 구하여 보자.

원환체는 그림 6.11 처럼 두 열린집합 U와 V의 합집합으로 표시할 수 있다.

V는 열린원판으로 한 점으로 수축가능하므로 Van-Kampen 정리에 의하면

$$\pi_1(T) \cong \pi_1(U)/N$$

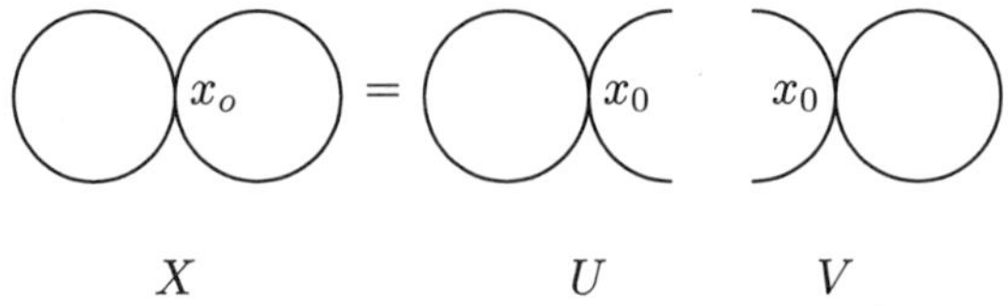

그림 6.10 8자 공간의 분할

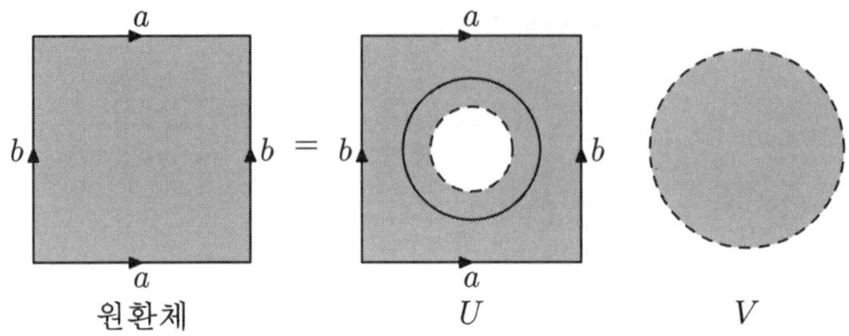

그림 6.11 원환체의 분할

이다. 여기서 N은 $i : U \cap V \to U$일 때 $i_*(\pi_1(U \cap V))$를 포함하는 제일 작은 $\pi_1(U)$의 정규부분군이다. $U \cap V$가 S^1과 호모토피형이 같으므로 그 기본군이 정수군과 동형이다. 이 정수군의 생성원을 그림 6.11 의 닫힌곡선 C로 표현할 수 있다. 따라서

$$i_*(\pi_1(U \cap V)) = < [C] > \subset \pi_1(U)$$

이다. 이제 U가 8자 공간과 호모토피형이 같음을 주목하자(그림 6.12 참조).

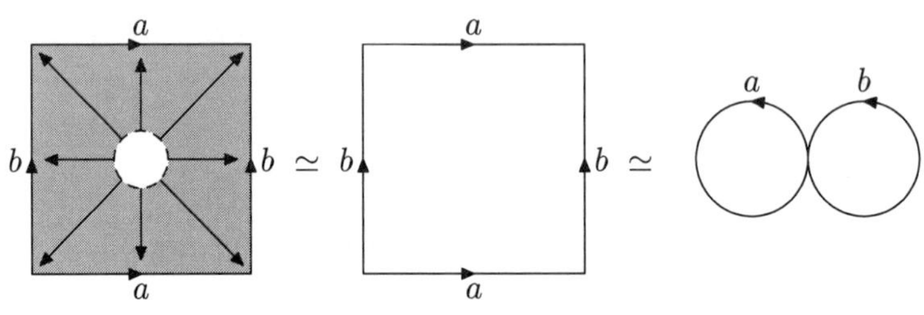

그림 6.12 8자 공간의 U

따라서 $\pi_1(U) \cong \mathbb{Z} * \mathbb{Z}$로 이 군의 생성원을 a와 b로 표현하면, $[C]$는 $\pi_1(U)$ 에서 $aba^{-1}b^{-1}$로 표현되므로 기본군 $\pi_1(T)$는 다음과 같은 표현을 지닌다.

$$< a, b \mid aba^{-1}b^{-1} = 1 >$$

따라서

$$\pi_1(T) \cong \mathbb{Z} \times \mathbb{Z}$$

이다. ◇

보기 6.5.6 사영평면 $\mathbb{P}^2$ 의 기본군을 구하여 보자.

먼저 $\mathbb{P}^2$ 를 그림 6.13 처럼 열린집합 U 와 V 의 합집합으로 생각하자.

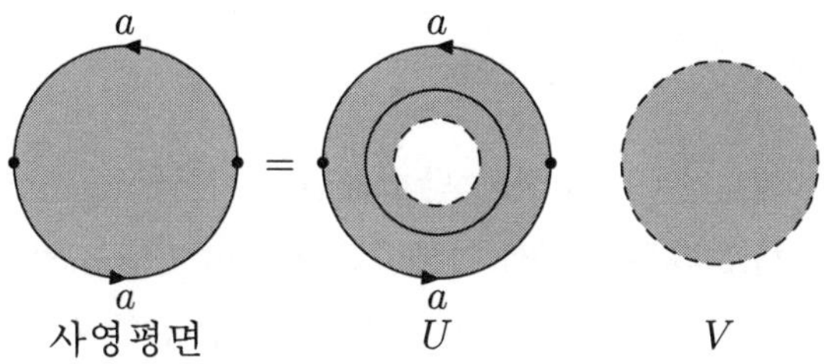

그림 6.13 $\mathbb{P}^2$ 의 분할

V 는 원판과 위상동형으로 한 점으로 수축가능하므로 Van-Kampen 정리에 의하면

$$\pi_1(\mathbb{P}^2) \cong \pi_1(U)/N$$

이다. 여기서 N 은 $i_*(\pi_1(U \cap V))$ 를 포함하는 제일 작은 $\pi_1(U)$ 의 정규부분군이다. $U \cap V$ 는 S^1 과 호모토피형이 같으므로 그 기본군이 정수군과 동형이다. 이 정수군의 생성원을 그림 6.13 의 닫힌곡선 C 로 표현할 수 있다. 따라서

$$i_*(\pi_1(U \cap V)) \ = < [C] > \subset \pi_1(U)$$

이다. 이제 U 가 단위원과 호모토피형이 같으므로 $\pi_1(U) \cong \mathbb{Z}$ 이다(그림 6.14 참조).

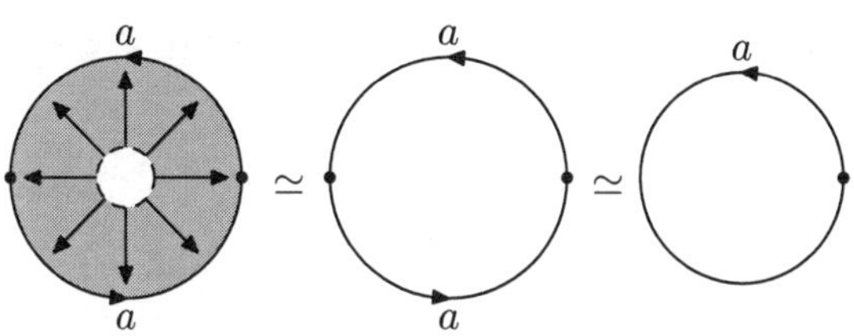

그림 6.14 $\mathbb{P}^2$ 의 U

a 로 표시된 닫힌곡선은 $\pi_1(U)$ 의 생성원이 된다. 이를

$$\pi_1(U) \ = < a >$$

로 표시하자. 이때 $[C]$ 는 $\pi_1(U)$ 에서 a^2 과 같으므로

$$\pi_1(\mathbb{P}^2) \cong < a > / < a^2 > \cong \mathbb{Z}_2$$

이다. ♢

문제 6.5.7 구면 S^2과 단위원 S^1이 한 점에서 만나 얻어진 공간 $S^2 \vee S^1$의 기본군을 구하여라.

문제 6.5.8 $T\#T$와 K의 기본군을 구하여라.

Van-Kampen 정리를 이용하면 모든 닫힌곡면의 기본군을 계산할 수 있다. 이 기본군을 잘 살펴보면 서로 다른 곡면의 기본군은 동형이 아님을 알 수 있다. 따라서 정리 5.3.3 에서 나열한 닫힌곡면은 서로 위상동형이 아님을 알 수 있다. 이로써 닫힌곡면의 분류를 완결할 수 있다.

연습문제

1. $X \simeq Y$이고 $X' \simeq Y'$이면

$$X \times X' \simeq Y \times Y'$$

임을 보여라.

2. 임의의 위상공간 X에 대하여 CX가 한 점으로 줄일 수 있는 공간임을 보여라.

3. 다음 보기에서 주어진 곡면 S의 기본군의 생성원을 묘사하고 주어진 닫힌곡선 C가 곡면 S의 기본군에서 어떤 원소인지를 생성원을 이용하여 표현하여라.

   (a) S는 Möbius 띠이고 C는 S의 경계를 이루는 원

   (b) $S = S^1 \times S^1$이고 $C = \{(x,y) \in S^1 \times S^1 \mid x = y\}$

   (c) S는 원기둥이고 C는 경계에 있는 두 원 중 하나

4. $f,g : S^1 \to X$는 연속함수로 f가 g로 연속변형되면,

$$X \cup_f D \simeq X \cup_g D$$

임을 보여라. 즉, f를 이용하여 원판 D를 X에 붙여 얻은 공간과 g를 이용하여 원판 D를 X에 붙여 얻은 공간은 호모토피형이 같음을 보여라.

5. 다음 그림에서처럼 원판의 경계를 붙여 얻은 공간을 **dunce hat**이라 한다. 위 문제를 이용하여 dunce hat이 원판과 호모토피형이 같음을 보여라.

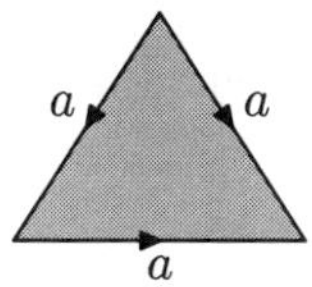

그림 6.15 dunce hat

6. 위상공간 $X = (\{0\} \cup \{1/n \mid n \in \mathbb{N}\}) \times I$를 **빗공간**(comb space)이라 한다(75쪽 그림 4.3 참조). $\{(0,0)\}$ 은 X의 강한 변형수축이나 $\{(0,1/2)\}$ 은 변형수축은 되나 강한 변형수축은 아님을 보여라.

7. 다음 공간의 기본군을 구하여라.

   (a) $\mathbb{R}^3 \setminus \{(0,0,0),(1,1,1)\}$

   (b) 구면 S^2 에 북극점과 남극점을 연결한 선분을 더한 공간

   (c) $\mathbb{R}^3 \setminus (x\text{-축} \cup y\text{-축})$

   (d) Klein-병 $\setminus$ 한 점

   (e) 원환체 $\setminus$ 두 점

   (f) 사영평면 $\setminus$ 두 점

8. $\mathbb{R}^2$ 와 $\mathbb{R}^3$ 가 위상동형이 아님을 보여라.

9. 원환체와 Klein-병은 서로 위상동형이 아님을 보여라.

10. A가 원판 D^2 의 수축일 때, 임의의 연속사상 $f: A \to A$가 고정점을 가짐을 보여라.

11. 연속사상 $f: S^1 \to S^1$ 가 상수함수로 연속변형된다고 하자.

    (a) f가 고정점을 가짐을 보여라.

    (b) $f(x_0) = -x_0$ 인 점 $x_0 \in S^1$ 이 존재함을 보여라.

6.6 기본군의 응용

기본군을 이용하면 여러가지 재미있는 결과를 얻을 수 있는데, 이 절에서는 기본군을 이용한 대수학의 기본정리(fundamental theorem of algebra)의 증명과 Brouwer 고정점 정리를 소개하기로 한다.

> 정리 6.6.1 **(대수학의 기본정리)** 상수가 아닌 계수가 복소수인 다항식은 복소수 근을 갖는다.

증명. $p(z)$를 계수가 복소수인 임의의 다항식이라 하자. $p(z_0)=0$인 복소수 z_0가 있음을 보여야 한다. 방정식 $p(z)=0$의 양변을 다항식 $p(z)$의 최고차 항의 계수로 나누어도 해가 같은 방정식을 얻으므로 $p(z)$의 최고차항의 계수를 1이라 가정해도 된다.

$$p(z)=z^n+a_{n-1}z^{n-1}+a_{n-2}z^{n-2}+\cdots+a_1z+a_0$$

라 놓자. 또 $p(z_0)=0$인 것과 0이 아닌 실수 c에 대하여 $p(cz_0)=0$인 것은 서로 동치임을 주목하자.

$$\begin{aligned}p(cz)&=(cz)^n+a_{n-1}(cz)^{n-1}+\cdots+a_1(cz)+a_0\\&=c^n\left(z^n+\left(\frac{a_{n-1}}{c}\right)z^{n-1}+\cdots+\left(\frac{a_1}{c^{n-1}}\right)z+\frac{a_0}{c^n}\right)\end{aligned}$$

이므로 방정식 $p(cz)=0$는 방정식

$$z^n+\frac{a_{n-1}}{c}z^{n-1}+\cdots+\frac{a_1}{c^{n-1}}z+\frac{a_0}{c^n}=0$$

과 같다. c를 충분히 크게 잡으면 위 방정식의 최고차항을 제외한 계수의 절대값의 합

$$\left|\frac{a_{n-1}}{c}\right|+\cdots+\left|\frac{a_1}{c^{n-1}}\right|+\left|\frac{a_0}{c^n}\right|$$

이 1보다 작아지므로 다항식 $p(z)$의 최고차항을 제외한 항의 계수의 절대값의 합

$$|a_{n-1}|+\cdots+|a_1|+|a_0|$$

이 1보다 작다고 가정하고 정리의 결론이 성립함을 보이면 충분하다.

이제

$$|a_{n-1}|+\cdots+|a_1|+|a_0|<1$$

이라 하고 결론을 부정하여 $p(z)=0$가 해를 갖지 않는다 가정해 보자. 함수 $f:\mathbb{C}\to S^1$을

$$f(z)=\frac{p(z)}{|p(z)|}$$

라 정의하면, $p(z)\neq 0$이므로 f는 잘 정의된 연속함수이다. 또 복소평면 $\mathbb{C}$가 한 점으로 수축가능하므로 f는 상수함수로 연속변형된다. 따라서 포함함수 $i:S^1\to\mathbb{C}$에 대하여 $f\circ i$가 상수함수로 연속변형된다.

한편, 함수 $g:S^1\to S^1$을

$$g(z)=z^n$$

으로 정의하면

$$f\circ i\simeq g$$

이다. 왜냐하면 함수 $H:S^1\times I\to S^1$을

$$H(z,t)=\frac{z^n+t(a_{n-1}z^{n-1}+\cdots+a_0)}{|z^n+t(a_{n-1}z^{n-1}+\cdots+a_0)|}$$

로 정의하면, 임의의 $z\in S^1$과 $t\in I$에 대하여

$$\begin{aligned}|z^n+t(a_{n-1}z^{n-1}+\cdots+a_0)| &\geq |z^n|-|t(a_{n-1}z^{n-1}+\cdots+a_0)|\\ &\geq 1-t(|a_{n-1}|+\cdots+|a_0|)>0\end{aligned}$$

이므로 $H(z,t)$의 분모는 0이 아니다. 따라서 H는 잘 정의된 연속함수이다. 또

$$H(z,0)=z^n,\quad H(z,1)=\frac{p(z)}{|p(z)|}$$

이므로 $g\simeq f\circ i$ 이다. 따라서 정리 6.4.7 에 의하면 적당한 곡선 γ에 대하여 $(f\circ i)_*=\gamma_*\circ g_*$ 이다. 이는 $f\circ i$가 상수함수로 연속변형된다는 사실에 모순된다. □

연결공간을 다루는 단원에서 1차원 원판인 단위구간 I가 연결공간이라는 사실을 이용하여 임의의 연속함수 $f:I\to I$는 항상 고정점을 갖음을 보였다. 이와 같은 현상이 2차원 원판 D에서도 성립한다.

> 정리 6.6.2 임의의 연속함수 $f:D\to D$에 대하여 $f(x_0)=x_0$ 인 점 $x_0\in D$이 존재한다.

이 정리의 증명을 위하여 다음 보조정리를 증명하겠다.

보조정리 6.6.3 항등함수

$$1_{S^1} : S^1 \to S^1$$

는 D 에서의 연속함수로 확장 불가능하다. 즉 임의의 $x \in S^1$ 에 대하여 $g(x) = x$ 인 연속함수 $g : D \to S^1$ 는 존재하지 않는다.

증명. 임의의 $x \in S^1$ 에 대하여 $g(x) = x$ 인 연속함수 $g : D \to S^1$ 가 존재한다고 가정하자. $i : S^1 \to D$를 포함함수라 하면

$$g \circ i = 1_{S^1}$$

이므로

$$g_* \circ i_* = 1_{\pi_1(S^1,p)}$$

이다. 여기서 $p = (1,0)$ 는 기준점이다. 따라서

$$g_* : \pi_1(D,p) \to \pi_1(S^1,p)$$

는 전사함수이다. 그런데 $\pi_1(D,p) = \{1\}$ 이므로 g_* 의 상 $\pi_1(S^1,p)$ 는 $\{1\}$ 이다. 이는 $\pi_1(S^1,p)$ 가 정수군과 동형군이라는 사실에 모순이다. 그러므로 임의의 $x \in S^1$ 에 대하여 $g(x) = x$ 인 연속함수 $g : D \to S^1$ 는 존재하지 않는다. □

증명. (정리 6.6.2 의 증명) 결론을 부정하여 모든 $x \in D$ 에 대하여 $f(x) \neq x$ 라 가정하자. 각 점 $x \in D$ 에 대하여 점 $f(x)$ 에서 x 로 그은 반직선이 S^1 과 만나는 점을 $g(x)$ 라 하자(그림 6.16 참조).

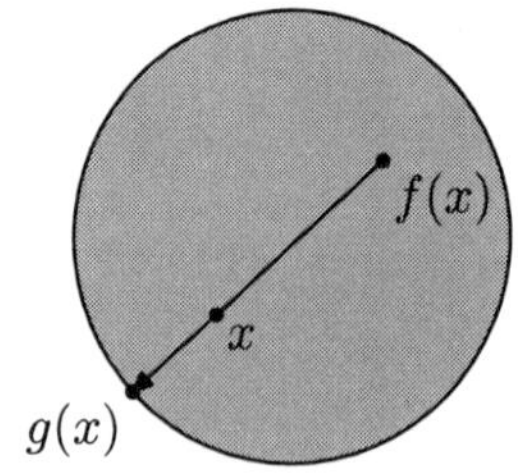

그림 6.16 함수 $g : D \longrightarrow S^1$

$g(x)$ 를 구하는 방법은 다음과 같다. $f(x)$ 에서 x 로 그은 직선은

$$(1-t)f(x) + tx, \ \ t \geq 0$$

로 표현된다. $|(1-t)f(x)+tx|=1$ 인 t를 구하기 위하여 양변을 제곱하면 t에 관한 다음과 같은 2차 방정식을 얻는다.

$$|f(x)-x|^2t^2-2(f(x)\cdot(f(x)-x))t+|f(x)|^2-1=0.$$

이 방정식의 해 중에서 0 이상인 것을 t_0라 하면

$$t_0=\frac{f(x)\cdot(f(x)-x)+\sqrt{(f(x)\cdot(f(x)-x))^2-|f(x)-x|^2(|f(x)|^2-1)}}{|f(x)-x|^2}$$

이고

$$g(x)=f(x)-t_0(f(x)-x)$$

이다. t_0가 x에 관하여 연속함수이므로 g는 연속함수이다. g의 정의로부터 $x\in S^1$ 에 대하여 $g(x)=x$이다. 이는 위 보조정리에 모순이다. □

정리 6.6.2 를 **Brouwer 고정점 정리**(Brouwer fixed point theorem)라 한다. 이 정리는 n차원 원판에서도 성립하는데, 호몰로지 군을 이용하여 이를 증명할 수 있다.

덮개공간

7

앞 단원의 문제 6.3.1에서 언급한 지수 함수 $p:\mathbb{R}\to S^1$, $p(t)=e^{2\pi it}$ 의 특성은 원의 기본군을 계산할 때 매우 유용하게 쓰인다. 이 지수함수 p는 원 위에 놓여있는 나선이 그 원을 '덮는' 모습으로 형상화할 수 있는데, 이런 이유로 문제 6.3.1에서 언급한 특성을 지닌 사상을 '덮개사상(covering map)'이라 부르고 덮개사상의 정의역을 치역의 '덮개공간(covering space)'이라 부른다. 덮개사상은 많은 위상공간의 기본군을 계산하는 데 매우 유용하다. 더 나아가 기본군의 대수적인 특성들을 기하적인 언어로 옮기는데 효과적인 도구이다. 예를 들어 어떤 위상공간의 기본군의 부분군과 그 위상공간의 덮개공간 사이는 일대일 대응이 있다. 이는 Galois 이론에서 체 확장(field extension)과 Galois 군의 부분군과 일대일 대응이 있다는 사실과 그 구조가 너무 흡사하다.

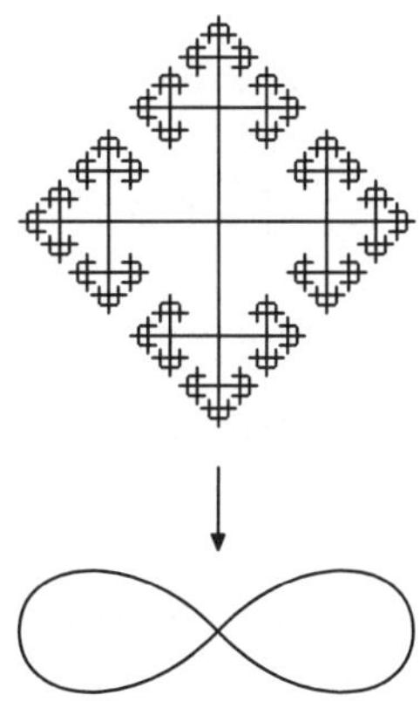

7.1 덮개공간의 정의와 기본성질

앞 단원의 문제 6.3.1 에서 지수함수 $p:\mathbb{R}\to S^1$,

$$p(t)=e^{2\pi it}=\cos 2\pi t+i\sin 2\pi t$$

에 대하여 S^1 위의 각 점 x는 다음 성질을 갖는 열린근방 U를 가짐을 보였다.

(i) $p^{-1}(U)=\cup_{k\in\mathbb{Z}}U_k$

(ii) $k\neq l$이면 $U_k\cap U_l=\varnothing$

(iii) $p|_{U_k}:U_k\to U$는 위상동형사상이다.

지수함수와 같이 이런 특성을 지니는 사상을 덮개사상이라 하는데, 이는 기본군을 계산하는데 매우 유용하게 쓰일 뿐만 아니라 위상공간이 가지는 기하적 구조와 기본군이 가지는 대수적 구조를 연결하는 데 효과적이다.

정의 7.1.1 $p:\tilde{X}\to X$를 위상공간 $\tilde{X}$에서 X로의 전사인 연속사상이라 하자. X의 열린집합 V가 다음 조건을 만족하면 V를 p에 의하여 **고르게 덮힌**(evenly covered) 집합이라 한다.

(a) $p^{-1}(V)=\cup_{\alpha\in\Lambda}U_\alpha$을 만족하는 $\tilde{X}$의 열린집합의 모임 $\{U_\alpha:\alpha\in\Lambda\}$이 존재하고,

(b) $\alpha\neq\beta$이면 $U_\alpha\cap U_\beta=\varnothing$이고,

(c) 각 $\alpha\in\Lambda$에 대하여 $p|_{U_\alpha}$가 U_α에서 V로의 위상동형 사상이다.

각 점 $x\in X$에 대하여 x를 포함하는 고르게 덮힌, 열린 집합 V가 존재하면 p를 **덮개사상**(covering map)이라 하고 $\tilde{X}$를 X의 **덮개공간**(covering space)이라 한다.

V가 p에 의하여 고르게 덮힌 열린집합이라면 $p^{-1}(V)$를 V와 같은 모양의 열린집합을 쌓아놓은 모양을 상상하면 된다.

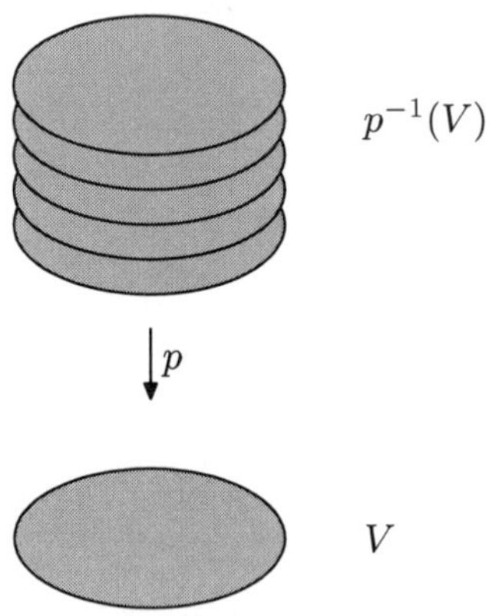

그림 7.1 고르게 덮힌집합

V가 p에 의하여 고르게 덮힌 열린집합이고 W가 V에 포함되는 열린집합이면 W도 p에 의하여 고르게 덮힌집합임을 쉽게 알 수 있다. 정의 7.1.1 에서 $\tilde{X}=X$이면 항등사상 1_X이 덮개사상이다. 그 이유는 X 자체가 1_X에 의하여 고르게 덮힌 열린집

합이기 때문이다. 비슷하게 $\tilde{X} = X \times \{1, \ldots, n\}$, 즉, $\tilde{X}$가 X와 위상동형인 n개의 위상공간의 합집합이면, $p(x,k) = x$로 정의한 연속사상 $p : \tilde{X} \to X$도 덮개사상임을 쉽게 알 수 있다. 이와 같이 $\tilde{X}$ 또는 X가 길연결공간(path-connected space)이 아니면 덮개사상의 구조가 자명하여 위상공간의 구조를 파악하는 데 아무런 도움이 되지 않는다. 그래서 일반적으로 덮개공간의 정의에서 $\tilde{X}$와 X를 모두 길연결공간으로 가정한다. 이후로는 특별한 언급이 없으면 $\tilde{X}$와 X를 모두 길연결공간으로 간주하기로 하자. 또한 기술적인 문제를 고려하여 국소 길연결 공간인 $\tilde{X}$와 X만을 고려하기로 한다. 그 구조가 자명하지 않은 덮개사상의 예로 덮개사상의 특성을 가장 잘 나타내는 사상이 앞 단원의 문제 6.3.1 에서 주어진 지수함수 $p : \mathbb{R} \to S^1$, $p(t) = e^{2\pi it}$ 이다. 이 지수함수가 덮개사상임을 보여보자.

보기 7.1.2 지수함수 $p : \mathbb{R} \to S^1$, $p(t) = e^{2\pi it}$ 는 덮개사상이다. 그 이유는 다음과 같다.

p가 전사이고 연속인 사상임은 자명하다. 이제 S^1 의 임의의 점 $x_0 + iy_0$ 에 대하여 그 점을 포함하는 p에 의하여 고르게 덮힌 열린집합 V가 존재함을 보이기로 하자. x_0와 y_0의 양, 음에 따라 다음과 같은 네 가지 경우 $x_0 > 0$, $x_0 < 0$, $y_0 > 0$, $y_0 < 0$를 고려할 수 있다.

- $x_0 > 0$이면 $V = \{x + iy | x > 0\}$
- $x_0 < 0$이면 $V = \{x + iy | x < 0\}$
- $y_0 > 0$이면 $V = \{x + iy | y > 0\}$
- $y_0 < 0$이면 $V = \{x + iy | y < 0\}$

로 선택하자($x_0 > 0$인 경우의 V는 그림 7.2 참조).

$x_0 > 0$일 경우에 V가 고르게 덮힌 집합임을 보이자. 다른 경우는 똑같은 방법으로 보이면 된다. 이 경우 $p^{-1}(V) = \cup_{k \in \mathbb{Z}} U_k$, $U_k = (k - \frac{1}{4}, k + \frac{1}{4})$ 임을 주목하자. 또한 $p|_{U_k} : U_k \to V$가 위상동형사상임을 쉽게 알 수 있다. 따라서, V가 고르게 덮혀있다. ◇

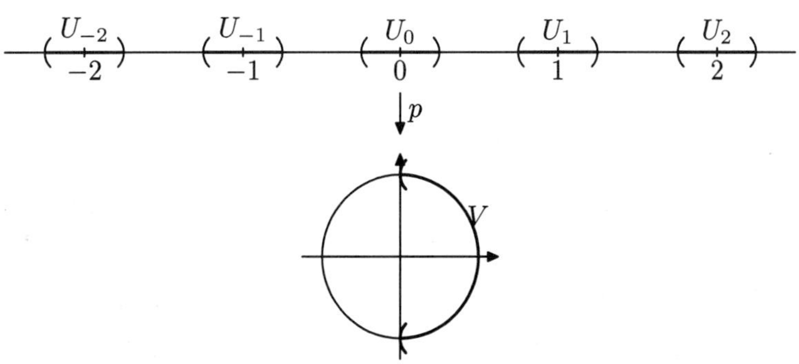

그림 7.2 원의 덮개공간

보기 7.1.3 S^1 을 복소평면 $\mathbb{C}$ 의 단위원으로 간주하면,

$$p(z) = z^2$$

으로 정의된 연속사상 $p : S^1 \to S^1$ 가 덮개사상이다.

S^1 의 점을 극좌표로 나타냈을 때, 점 $(1,\theta)$ 는 p 에 의하여 점 $(1,2\theta)$ 로 보내진다. p 의 공역 S^1 의 임의의 점 $(1,x)$ 에 대하여, 다음과 같이 p 를 포함하는 열린집합 V 를 선택하자.

(1) $0 < x < 2\pi$ 이면 $0 < x-a < x+a < 2\pi$ 를 만족하도록 충분히 작은 a 를 택하고 $V = \{(1,t) | x-a < t < x+a\}$ 로 놓는다.

(2) $x = 0$ 이면, $0 < a < \pi$ 를 만족하도록 a 를 택한 후에 $V = \{(1,t) | -a < t < a\}$ 라 놓는다.

전자의 경우는

$$U_1 = \left\{(1,t) | \frac{1}{2}(x-a) < t < \frac{1}{2}(x+a)\right\},$$
$$U_2 = \left\{(1,t) | \pi + \frac{1}{2}(x-a) < t < \pi + \frac{1}{2}(x+a)\right\}$$

라 놓고 후자의 경우에는

$$U_1 = \left\{(1,t) | -\frac{a}{2} < t < \frac{a}{2}\right\},$$
$$U_2 = \left\{(1,t) | \pi - \frac{a}{2} < t < \pi + \frac{a}{2}\right\}$$

라 놓으면, 어느 경우나 $p^{-1}(V) = U_1 \cup U_2$ 이고 $p : U_i \to V$ 는 위상동형사상이다. 따라서 V 는 어느 경우나 p 에 의하여 고르게 덮혀있음을 알 수 있다. 그러므로 $p : S^1 \to S^1$ 이 덮개사상이다. ◇

문제 7.1.4 임의의 자연수 n 에 대하여 $p(z) = z^n$ 으로 정의된 사상 $p : S^1 \to S^1$ 이 덮개사상임을 보여라.

보기 7.1.5 보기 5.1.13 에서 정의된 사영평면 $\mathbb{P}^2$ 를 고려하자. $p : S^2 \to \mathbb{P}^2$ 를 $\mathbb{P}^2$ 를 정의하는데 쓰인 상사상이라 하자. 이 상사상 p 도 덮개사상이다.

상사상의 정의에 의하면 p 는 전사인 연속사상이다. 따라서 $\mathbb{P}^2$ 의 임의의 점 y 가 p 에 의하여 고르게 덮힌 열린근방을 가짐을 보이면 충분하다. $p^{-1}(y) = \{x, -x\}$ 라 하자. O 를 x 를 포함하는 길연결열린집합으로 $O \cap -O = \varnothing$ 을 만족하는 집합이라 하면(x 를 포함하는 S^2 상의 작은 원판을 O 로 택하면 충분하다.) $p(O)$ 는 y 를 포함하는 P^2 의 열린집합으로 $p^{-1}(p(O)) = O \cup -O$ 를 만족한다. 또한 $p : O \to p(O)$ 와 $p : -O \to p(O)$ 모두 위상동형사상이다. 여기서 $-O = \{-z | z \in O\}$ 이다. ◇

사상 $f : X \to Y$를 고려하자. 각 점 $x \in X$에 대하여 f가 x를 포함하는 적당한 열린집합 U에서 Y의 적당한 열린집합 V로의 위상동형사상이 되면(즉, $f : U \to V$가 위상동형사상이 되면) f를 **국소위상동형사상**(local homeomorphism)이라 한다. 덮개사상의 정의에 따르면 덮개사상은 국소위상동형사상임을 알 수 있다.

문제 7.1.6 국소위상동형사상은 연속사상임을 보여라.

곱공간과 부분공간을 이용하면 알려진 덮개공간을 이용하여 새로운 덮개공간을 얻을 수 있다.

정리 7.1.7 $p_1 : X_1 \to Y_1$과 $p_2 : X_2 \to Y_2$가 덮개사상일 때,

$$p_1 \times p_2 : X_1 \times X_2 \to Y_1 \times Y_2$$

도 덮개사상이다.

증명. $Y_1 \times Y_2$의 임의의 점 (y_1, y_2)에 대하여, 그 점을 포함하고 $p_1 \times p_2$에 의하여 고르게 덮혀있는 열린집합이 존재함을 보이면 충분하다. p_1과 p_2가 덮개사상이므로 각각 p_1과 p_2에 의하여 고르게 덮혀있는 y_1과 y_2의 열린근방 W_1과 W_2가 존재한다. 따라서

$$p_1^{-1}(W_1) = \cup_\alpha U_\alpha, \quad p_2^{-1}(W_2) = \cup_\beta U_\beta$$

이고 $p_1 : U_\alpha \to W_1$와 $p_2 : U_\beta \to W_2$가 위상동형사상이라 놓을 수 있다. 그러면

$$(p_1 \times p_2)^{-1}(W_1 \times W_2) = \cup_{\alpha,\beta} U_\alpha \times V_\beta$$

이고 $p_1 \times p_2 : U_\alpha \times V_\beta \to W_1 \times W_2$가 위상동형사상이므로 $W_1 \times W_2$가 $p_1 \times p_2$에 의하여 고르게 덮혀있다. □

문제 5.1.12 에서 보았듯이 원환체 T를 $S^1 \times S^1$으로 간주할 수 있다. 이를 이용하면 $\mathbb{R}^2$가 T의 덮개공간임을 보일 수 있다.

보기 7.1.8 연속사상 $q : \mathbb{R}^2 \to S^1 \times S^1$, $q(x,y) = (e^{2\pi ix}, e^{2\pi iy})$은 덮개사상이다.

$p : \mathbb{R} \to S^1$을 보기 7.1.2 에서 정의된 지수함수라 하면 $q = p \times p$가 되어 정리 7.1.7 에 의하여 q가 덮개사상이 된다. ◊

앞의 보기 7.1.2 에서 정의역을 $\mathbb{R}$ 대신 양의 실수 집합 $\mathbb{R}_+$ 로 택하면 지수함수 $p:\mathbb{R}_+ \to S^1$ 는 전사함수이고 국소위상동형사상이다. 그러나 점 $1 \in S^1$ 의 어떤 근방도 p 에 의하여 고르게 덮혀있지 않으므로 p 는 덮개사상이 아님을 알 수 있다. 이처럼 덮개사상을 정의역의 부분공간으로 제한시켰을 경우 덮개사상이 아닐 수 있다. 그러나 덮개사상을 공역의 부분공간의 역상에 제한시켰을 경우에는 덮개사상이 된다.

정리 7.1.9 덮개사상 $p:\tilde{X} \to X$ 과 X 의 부분공간 X_0 에 대하여, $\tilde{X}_0 = p^{-1}(X_0)$ 라 하면 p 를 $\tilde{X}_0$ 로 제한하여 얻은 사상 $p_0:\tilde{X}_0 \to X$ 가 덮개사상이다.

증명. X_0 의 임의의 점을 x_0 라 하자. p_0 에 의하여 고르게 덮혀있는 X_0 에서의 x_0 의 열린근방이 있음을 보이면 충분하다. p 가 덮개사상이므로 p 에 의하여 고르게 덮혀있는 x_0 의 열린근방 V 가 존재한다. 따라서 $p^{-1}(V)$ 가 서로 만나지 않는 $\tilde{X}$ 의 열린집합 U_α 들의 합집합으로 표시되고 $p:U_\alpha \to V$ 가 모두 위상동형사상이다.

$$\begin{aligned} p_0^{-1}(V \cap X_0) &= p^{-1}(V \cap X_0) \\ &= p^{-1}(V) \cap p^{-1}(X_0) \\ &= (\cup_\alpha U_\alpha) \cap \tilde{X}_0 \\ &= \cup_\alpha (U_\alpha \cap \tilde{X}_0) \end{aligned}$$

이고 $p_0: U_\alpha \cap \tilde{X}_0 \to V \cap X_0$ 가 위상동형사상이므로 $V \cap \tilde{X}_0$ 는 p_0 에 의하여 고르게 덮혀있다. □

보기 7.1.10 보기 7.1.8 의 덮개사상 $q = p \times p : \mathbb{R}^2 \to S^1 \times S^1$ 을 고려하자. 원환체 $S^1 \times S^1$ 의 부분공간

$$X_0 = (S^1 \times \{1\}) \cup (\{1\} \times S^1)$$

라 하고 $\tilde{X}_0 = q^{-1}(X_0)$ 라 하면 $q:\tilde{X}_0 \to X_0$ 는 덮개사상이 된다. 한편, X_0 는 그림에서 볼 수 있듯이 8자 공간(figure eight space)이다. 또

$$q^{-1}(X_0) = (\mathbb{R} \times \mathbb{Z}) \cup (\mathbb{Z} \times \mathbb{R})$$

이다. 따라서 $(\mathbb{R} \times \mathbb{Z}) \cup (\mathbb{Z} \times \mathbb{R})$ 가 8자 공간의 덮개공간이다. ◇

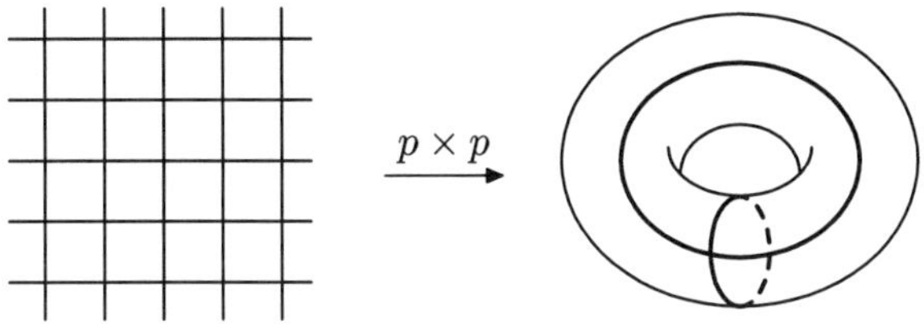

그림 7.3 8자 공간의 덮개공간

문제 7.1.11 다음 그림은 8자 공간 b  a의 덮개공간들임을 확인하여라.

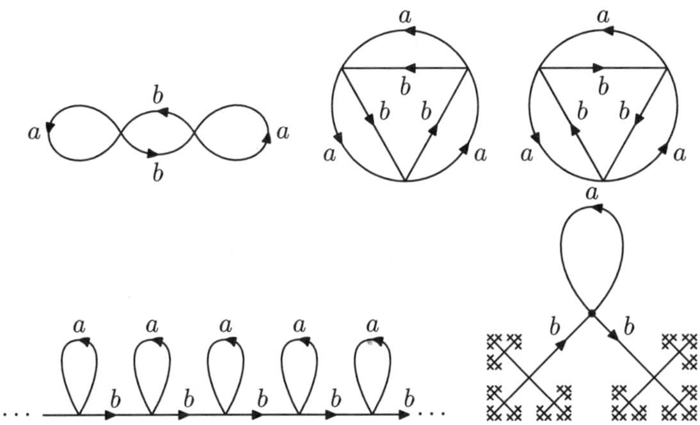

7.2 덮개공간의 기본성질

덮개사상 $p:\tilde{X}\to X$와 연속사상 $f:Y\to X$에 대하여 $p\circ\tilde{f}=f$를 만족하는 연속사상 $\tilde{f}:Y\to\tilde{X}$가 존재하면 $\tilde{f}$를 f의 **올림사상**(lifting)이라 한다. 6.3 절에서 원의 기본군을 계산할 때 이용했듯이 올림사상은 기본군을 계산하는데 유용하게 쓰인다. 이 단원에서는 언제 연속사상의 올림사상이 존재하는지와 존재하면 유일한지 여부에 대한 논의를 하고자 한다. 먼저 올림사상의 유일성에 대하여 살펴보기로 하자.

> **정리 7.2.1** 덮개사상 $p:\tilde{X}\to X$와 연속사상 $g:Y\to\tilde{X}$, $h:Y\to\tilde{X}$를 고려하자. Y가 연결공간이고 $g(y_0)=h(y_0)$인 점 $y_0\in Y$가 존재한다고 가정하자. 이때, $p\circ g=p\circ h$이면 $g=h$이다. 즉, 주어진 연속사상의 올림사상은 한 점에서의 값이 결정되면 유일하게 존재한다.

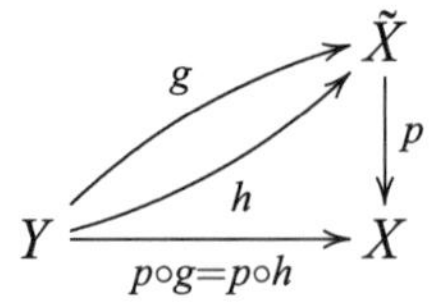

증명. 집합 $A = \{y \in Y \mid g(y) = h(y)\}$와 $B = Y \setminus A$를 고려하자. A와 B가 열린집합임을 보이면 Y가 연결집합이고 $A \neq \varnothing$이므로 $A = Y$, 즉 결론을 얻는다. 따라서 A와 B가 열린집합임을 보이면 충분하다.

먼저 A가 열린집합임을 보이도록 하자. A의 임의의 점을 y_1에 대하여, V를 p에 의하여 고르게 덮혀있는 점 $p(g(y_1)) = p(h(y_1))$의 열린근방이라 하면 점 $g(y_1) = h(y_1)$을 포함하는 $p^{-1}(V)$의 길연결 성분 U가 존재한다. $p|_U : U \to V$가 위상동형사상임을 주목하자. 이제 $O = g^{-1}(U) \cap h^{-1}(U)$라 하면 $(p \circ g)(O) \subset V$, $(p \circ h)(O) \subset V$가 된다. 따라서 $y \in O$이면

$$g(y) = ((p|_U)^{-1} \circ p \circ g)(y) = ((p|_U)^{-1} \circ p \circ h)(y) = h(y)$$

가 된다. 그러므로 $O \subset A$가 된다. 즉, A가 열린집합이다.

B가 열린집합임을 보이도록 하자. B의 임의의 점을 y_2라 하면 $g(y_2) \neq h(y_2)$이다. V를 p에 의하여 고르게 덮혀있는 점 $p(g(y_2)) = p(h(y_2))$의 열린근방이라 하면 $g(y_2)$와 $h(y_2)$를 각각 포함하는 $p^{-1}(V)$의 길연결 성분 U_1과 U_2가 존재한다. $p|_{U_i} : U_i \to V$가 위상동형사상이므로 $U_1 \neq U_2$이다. $O = g^{-1}(U_1) \cap h^{-1}(U_2)$라 하면, 임의의 $y \in O$에 대하여 $g(y) \in U_1$, $h(y) \in U_2$이다. $U_1 \cap U_2 = \varnothing$이므로 $g(y) \neq h(y)$이다. 따라서 $O \subset B$이다. 즉, B는 열린집합이다. □

위 정리 7.2.1는 올림사상이 존재하면 유일함을 보장한다. 이제부터 언제 올림사상이 존재하는가에 대하여 논의해보자. 올림사상이 존재하는 가장 기본적인 연속사상은 곡선(path)이다. 보조정리 6.3.2의 덮개사상 $p : \mathbb{R} \to S^1$의 경우에 S^1 위의 곡선의 올림곡선을 만드는 방법을 돌이켜 생각해보면 그 방법이 일반적인 덮개사상에도 그대로 적용됨을 쉽게 확인할 수 있다.

정리 7.2.2 덮개사상 $p : (\tilde{X}, \tilde{x}_0) \to (X, x_0)$가 주어져 있다고 하자. 시작점이 x_0인 곡선 $\sigma : I \to X$에 대하여, $p \circ \tilde{\sigma} = \sigma$를 만족하고 시작점이 $\tilde{x}_0$인 $\tilde{X}$ 위의 곡선 $\tilde{\sigma}$가 유일하게 존재한다.

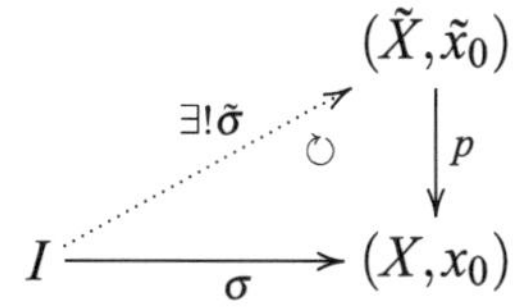

증명. p에 의하여 고르게 덮힌 열린집합으로 이루어진 X의 열린덮개 $\mathscr{V}$를 고려하자. $\{\sigma^{-1}(V)\}_{V \in \mathscr{V}}$이 옹골공간 $[0,1]$의 열린덮개이므로 Lebesque 보조정리(보조정리 3.1.22)를 이용하면 조건

$$|t-s| < \delta \text{이면 } t, s \in \sigma^{-1}(V) \text{ 인 } V \in \mathscr{V} \text{가 존재함}$$

을 만족하는 양수 δ가 존재한다. $|t_i - t_{i+1}| < \delta$를 만족하도록 $[0,1]$의 분할 $t_0, \ldots, t_n$을 선택하자. 그러면 $[t_i, t_{i+1}] \subset \sigma^{-1}(V_i)$, 즉, $\sigma([t_i, t_{i+1}]) \subset V_i$인 $\mathscr{V}$의 원소 V_i가 존재한다.

이제 단계적으로 $\tilde{\sigma}$를 정의하여 보자. 먼저 $\tilde{\sigma}(0) = \tilde{x}_0$로 정의해야 함은 자명하다. 구간 $[0, t_i]$에서 연속사상 $\tilde{\sigma}$가 정의되었다고 가정하고 이를 구간 $[0, t_{i+1}]$로 확장하기로 하자. V_i가 p에 의하여 고르게 덮혀있으므로 $\tilde{\sigma}(t_i)$를 포함하는 $p^{-1}(V_i)$의 길연결 성분을 U_i이라 하면 $p|_{U_i} : U_i \to V_i$가 위상동형사상이다. $t_i \le t \le t_{i+1}$인 t에 대하여

$$\tilde{\sigma}(t) = (p|_{U_i})^{-1}(\sigma(t))$$

라 정의하자. $p|_{U_i} : U_i \to V_i$가 위상동형사상이므로 $\tilde{\sigma}$는 구간 $[t_i, t_{i+1}]$에서 연속사상이다. 따라서 붙임보조정리를 사용하면 구간 $[0, t_{i+1}]$로 확장된 연속사상 $\tilde{\sigma}$를 얻는다. 이를 반복하면 구간 $[0,1]$에서 정의된 연속사상 $\tilde{\sigma}$를 얻는다. 각 단계에서 $p \circ \tilde{\sigma}(t) = \sigma(t)$이므로 전체 구간 $[0,1]$에서 $p \circ \tilde{\sigma} = \sigma$이 성립한다. $[0,1]$이 연결공간이므로 정리 7.2.1 에 의하여 $\tilde{\sigma}$가 유일하게 존재함은 알 수 있다. □

곡선 사이의 연속변형사상(homotopy)도 역시 올림사상을 갖는다.

정리 7.2.3 덮개사상 $p : (\tilde{X}, \tilde{x}_0) \to (X, x_0)$가 주어져있다고 하자. 연속사상 $F : I \times I \to X$가 $F(0,0) = x_0$를 만족하면 다음 조건을 만족하는 연속사상 $\tilde{F} : I \times I \to \tilde{X}$가 유일하게 존재한다.

$$p \circ \tilde{F} = F, \quad \tilde{F}(0,0) = \tilde{x}_0$$

$$\begin{array}{ccc} & & (\tilde{F},\tilde{x}_0) \\ & \overset{\exists!\tilde{F}}{\nearrow} \quad \circlearrowleft & \big\downarrow p \\ (I\times I,(0,0)) & \xrightarrow[F]{\qquad\qquad} & (X,x_0) \end{array}$$

증명. 정리 7.2.2 에서처럼 $\mathscr{V}$ 를 p에 의하여 고르게 덮힌 열린집합으로 이루어진 X의 열린덮개라 하고 Lebesque 보조정리를 이용하면 다음을 만족하는 $I\times I$의 분할

$$s_0 < \cdots < s_m, \quad t_0 < \cdots < t_n$$

이 존재한다.

$$F([s_i,s_{i+1}]\times[t_j,t_{j+1}])\subset V_{ij} \text{ 인 } V_{ij}\in\mathscr{V} \text{가 존재함}$$

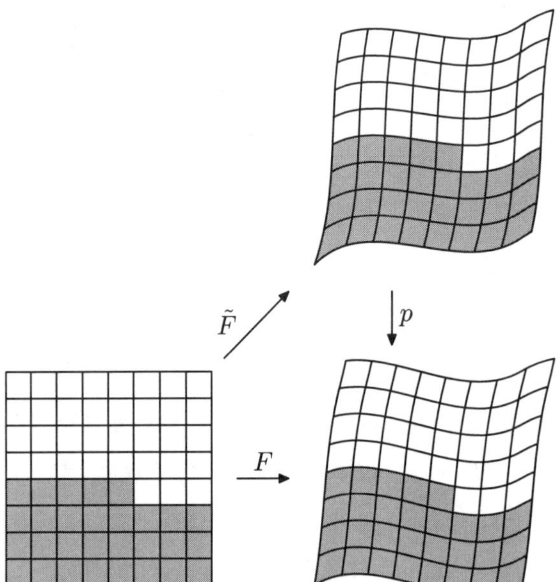

그림 7.4 연속변형 사상의 올림사상

편의상 $I_i=[s_i,s_{i+1}]$, $I_j=[t_j,t_{j+1}]$라 하자. 먼저 $\tilde{F}(0,0)=\tilde{x}_0$로 정의한다. 그리고

$$I_1\times I_1, I_2\times I_1,\ldots,I_m\times I_1, I_1\times I_2,\ldots,I_m\times I_2,\ldots,I_m\times I_n$$

순서로 $p\circ\tilde{F}=F$를 만족하는 $\tilde{F}$를 확장하기로 하자. 위에서 언급한 순서로 $I_i\times I_j$ 전까지 $\tilde{F}$가 정의되었다고 가정하고 $I_i\times I_j$에서 $\tilde{F}$를 정의하면 된다. V_{ij}가 p에 의하여

고르게 덮힌집합이므로 점 $\tilde{F}(s_i,t_j)$을 포함하는 $p^{-1}(V_{ij})$의 길연결성분을 U_{ij}라 하면 $p|_{U_{ij}}: U_{ij} \to V_{ij}$가 위상동형사상이다. 따라서 $(s,t) \in I_i \times I_j$에 대하여

$$\tilde{F}(s,t) = (p|_{U_{ij}})^{-1}(F(s,t))$$

라 정의하면 $\tilde{F}$가 $I_i \times I_j$에서 연속사상으로 $p(\tilde{F}(s,t)) = F(s,t)$을 만족한다. $\tilde{F}(s_i,t_j)$가 이미 정해져 있으므로 정리 7.2.1 에 의하여 $(\{s_i\} \times I_j) \cup (I_i \times \{t_j\})$에서 $\tilde{F}$의 새로운 값과 이전 단계에서 정의된 값이 일치한다. 따라서 붙임보조정리에 의해 $p \circ \tilde{F} = F$를 만족하는 연속사상 $\tilde{F}$가 $I_i \times I_j$까지 확장되었다. 이를 반복하면 $\tilde{F}$를 $I \times I$로 확장할 수 있다. □

두 곡선 $\sigma, \tau : I \to X$에 대하여

$$\sigma \underset{F}{\simeq} \tau$$

라 하자. $\tilde{\sigma}(0) = \tilde{x}_0$, $\tilde{\tau}(0) = \tilde{x}_0$ 인 σ와 τ의 올림사상 $\tilde{\sigma}$와 $\tilde{\tau}$에 대하여

$$\tilde{\sigma} \underset{\tilde{F}}{\simeq} \tilde{\tau}$$

이 성립한다. 즉, 연속변형되는 두 곡선은 연속변형되는 올림곡선을 갖는다. 이는 다음 따름정리에서 볼 수 있듯이 $\{0,1\}$이 고정되는 연속변형사상에 대해서도 성립한다.

따름정리 7.2.4 덮개사상 $p : (\tilde{X}, \tilde{x}_0) \to (X, x_0)$가 주어져있다고 하자. 시작점이 x_0, 끝 점이 x_1 인 X 위의 두 곡선 σ와 τ가

$$\sigma \underset{F}{\simeq} \tau \ \mathrm{rel}\{0,1\}$$

을 만족하면 시작점이 $\tilde{x}_0$ 인 σ 와 τ의 올림곡선 $\tilde{\sigma}$와 $\tilde{\tau}$에 대하여

$$\tilde{\sigma} \underset{\tilde{F}}{\simeq} \tilde{\tau} \ \mathrm{rel}\{0,1\}$$

이 성립한다. 특히 $\tilde{\sigma}$와 $\tilde{\tau}$의 끝점은 일치한다.

증명. 정리 7.2.3 에 의하면 점 $(0,0)$에서의 값이 $\tilde{x}_0$ 인 σ와 τ 사이의 연속변형사상 F의 올림사상 $\tilde{F}$가 유일하게 존재한다. 또한

$$p(\tilde{F}(s,0)) = F(s,0) = \sigma(s), \quad \tilde{F}(0,0) = \tilde{x}_0$$

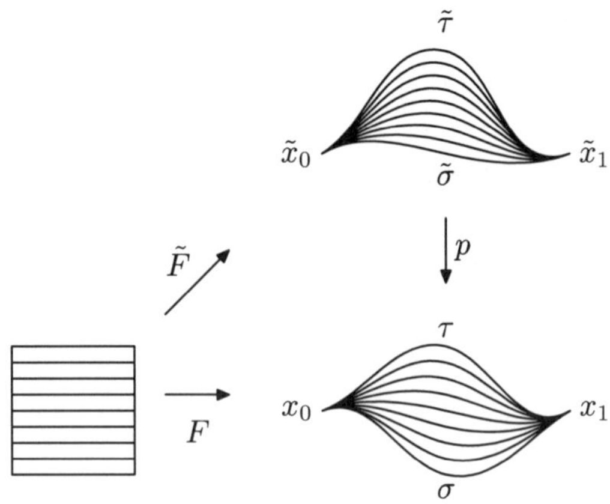

그림 7.5

이므로 정리 7.2.2 에 의하여 $\tilde{F}(s,0) = \tilde{\sigma}(s)$ 이다. 비슷한 이유로 $\tilde{F}(s,1) = \tilde{\tau}(s)$ 이다.

$$p(\tilde{F}(0,t)) = F(0,t) = x_0, \quad \tilde{F}(0,0) = \tilde{x}_0$$

이므로 $\tilde{F}(0,t) = \tilde{x}_0$ 이다. 또

$$p(\tilde{F}(1,t)) = F(1,t) = x_1, \quad \tilde{F}(1,0) = \tilde{\sigma}(1) = \tilde{\tau}(1)$$

이므로 $\tilde{F}(1,t) = \tilde{\sigma}(1) = \tilde{\tau}(1)$ 이다. 따라서

$$\tilde{\sigma} \underset{\tilde{F}}{\simeq} \tilde{\tau}$$

이다. □

따름정리 7.2.4 을 이용하면 덮개사상에 의하여 유도된 준동형사상 $p_* : \pi_1(\tilde{X},\tilde{x}_0) \to \pi_1(X,x_0)$ 가 단사 사상임을 보일 수 있다.

> 정리 7.2.5 덮개사상 $p : (\tilde{X},\tilde{x}_0) \to (X,x_0)$ 가 주어져있다고 하자. 이때, 준동형 사상
>
> $$p_* : \pi_1(\tilde{X},\tilde{x}_0) \to \pi_1(X,x_0)$$
>
> 가 단사 사상이다.

증명. 덮개공간 $\tilde{X}$ 위의 $\tilde{x}_0$ 를 기준점으로 하는 닫힌곡선 $\tilde{\sigma}$ 에 대하여

$$p \circ \sigma \simeq C_{x_0} \; rel\{0,1\}$$

라 하자. 이때

$$\sigma \simeq C_{\tilde{x}_0}\ rel\{0,1\}$$

임을 보이면 된다. 그런데 이는 따름정리 7.2.4 로부터 자동으로 얻어지는 결과이다. □

> 정리 7.2.6 덮개사상 $p:\tilde{X}\to X$에 대하여 집합 $p^{-1}(x), x\in X$의 기수는 모두 같다. 즉 $x_1,x_2\in X$이면 $|p^{-1}(x_1)|=|p^{-1}(x_2)|$이다. 여기서 $|A|$는 A의 기수(cardinal number)를 나타낸다.

증명. 집합 $p^{-1}(x_1)$과 $p^{-1}(x_2)$ 사이의 일대일 대응을 정의하면 된다. 먼저 시작점이 x_1이고 끝 점이 x_2인 곡선 $\sigma:I\to X$를 선택하자. 각 점 $\tilde{x}\in p^{-1}(x_1)$에 대하여 정리 7.2.2 에 의하면 다음 조건을 만족하는 곡선 $\tilde{\sigma}_{\tilde{x}}$이 유일하게 존재한다.

$$p\circ\tilde{\sigma}_{\tilde{x}}=\sigma,\quad \tilde{\sigma}_{\tilde{x}}(0)=\tilde{x}$$

$\tilde{\sigma}_{\tilde{x}}(1)\in p^{-1}(x_2)$ 이므로

$$f(\tilde{x})=\tilde{\sigma}_{\tilde{x}}(1)$$

로 정의한 함수 $f:p^{-1}(x_1)\to p^{-1}(x_2)$가 잘 정의된다. 곡선 $\overline{\sigma}$에 똑같은 작업을 하여 함수 $g:p^{-1}(x_2)\to p^{-1}(x_1)$를 정의하면

$$g\circ f=1_{p^{-1}(x_1)},\quad f\circ g=1_{p^{-1}(x_2)}$$

가 성립하므로 f는 일대일 대응이다. □

덮개사상 $p:\tilde{X}\to X$에 대하여 $|p^{-1}(x)|=n$이면 $\tilde{X}$를 X의 n **엽 덮개공간** (n-fold covering space)이라 한다. 예를 들어 보기 7.1.5 에서 볼 수 있듯이 구면 S^2는 사영평면 P^2의 2 엽 덮개공간이다. 군 G의 부분군 H의 오른 잉여류(right coset)의 개수를 H의 G에서의 지표(index)라 함을 기억하자. H의 G에서의 지표를 $|G:H|$로 표시하기로 하자.

> 정리 7.2.7 덮개사상 $p:(\tilde{X},\tilde{x}_0)\to(X,x_0)$에 대하여,
>
> $$|p^{-1}(x_0)|=|\pi_1(X,x_0):p_*(\pi_1(\tilde{X},\tilde{x}_0))|$$
>
> 가 성립한다. 즉, 집합 $p^{-1}(x_0)$의 기수는 $p_*(\pi_1(\tilde{X},\tilde{x}_0))$의 $\pi_1(X,x_0)$에서의 지표(index)와 같다.

증명. 편의상 $G = \pi_1(X, x_0)$, $H = p_*(\pi_1(\tilde{X}, \tilde{x}_0))$라 놓자. G에서 H의 오른 잉여류의 집합과 $p^{-1}(x_0)$ 사이의 일대일 대응을 찾으면 된다. 기준점이 x_0인 X 위의 임의의 닫힌곡선 σ를 생각하자. 또 시작점이 $\tilde{x}_0$인 σ의 올림곡선을 $\tilde{\sigma}$라 하자. H의 원소 $[\tau]$는

$$[p \circ \tilde{\tau}], \quad \tilde{\tau}\text{는 기준점이 } \tilde{x}_0 \text{인 닫힌곡선}$$

형태로 표현됨을 주목하자. 오른 잉여류 $H[\sigma]$의 원소를 $[\tau * \sigma]$라 하면 $\tilde{\tau}$가 기준점이 $\tilde{x}_0$인 닫힌곡선이므로 닫힌곡선 $\tau * \sigma$의 기준점이 $\tilde{x}_0$인 올림곡선 $\tilde{\tau} * \tilde{\sigma}$의 끝점은 $\tilde{\sigma}$의 끝점과 일치한다.

$$\phi(H[\sigma]) = \tilde{\sigma}(1)$$

로 정의하면 따름정리 7.2.4 에 의해 잘 정의된 함수

$$\phi : \{H[\sigma]\} \to p^{-1}(x_0)$$

를 얻는다. 이제 ϕ가 전사이고 단사인 함수임을 보이면 충분하다.

먼저 $p^{-1}(x_0)$의 임의의 점 $\tilde{x}$에 대하여 시작점이 $\tilde{x}_0$이고 $\tilde{x}$가 끝점인 곡선을 $\tilde{\alpha}$라 하자. $\alpha = p \circ \tilde{\alpha}$라 하면 α는 기준점이 x_0인 닫힌곡선이고

$$\phi(H[\alpha]) = \tilde{\alpha}(1) = \tilde{x}$$

가 성립한다. 따라서 ϕ가 전사함수이다.

또, $\phi(H[\alpha]) = \phi(H[\beta])$라 가정하자. 시작점이 $\tilde{x}_0$인 α와 β의 올림곡선을 각각 $\tilde{\alpha}, \tilde{\beta}$라 하면 $\tilde{\alpha}(1) = \tilde{\beta}(1)$이 된다. 이는 $\tilde{\alpha} * \overline{\tilde{\beta}}$가 기준점이 $\tilde{x}_0$인 닫힌곡선임을 의미한다. 따라서

$$p_*([\tilde{\alpha} * \overline{\tilde{\beta}}]) \in H$$

즉, $[\alpha] \cdot [\beta]^{-1} \in H$이 성립한다. 그러므로 $H[\alpha] = H[\beta]$이다. 이는 ϕ가 단사함수임을 의미한다. □

곡선이나 곡선 사이의 연속변형사상은 항상 올림사상을 가짐을 알았다. 그러면 일반적인 연속사상은 언제 올림사상을 가질까? 이 단원을 이 물음에 대한 답을 하면서 마치기로 하자.

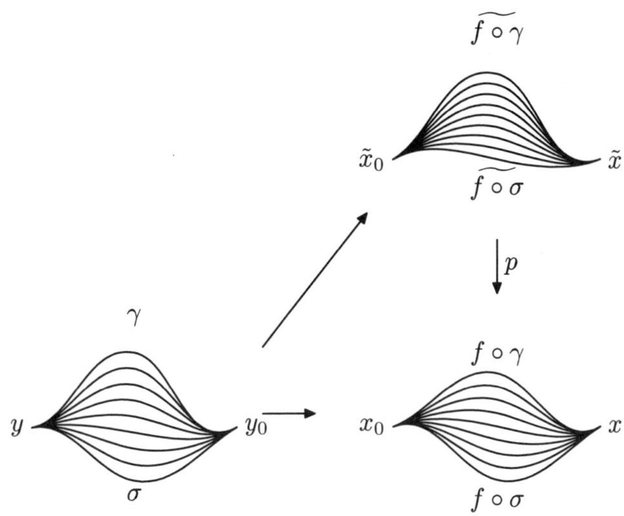

그림 7.6

> **정리 7.2.8** 덮개사상 $p:(\tilde{X},\tilde{x}_0)\to(X,x_0)$와 연속사상 $f:(Y,y_0)\to(X,x_0)$가 주어져있다고 하자. Y가 길연결공간이고 국소 길연결공간이면 다음 두 명제는 동치이다.
>
> (a) $\tilde{f}(y_0)=\tilde{x}_0$를 만족하는 f의 올림사상 $\tilde{f}:Y\to\tilde{X}$가 존재한다.
>
> (b) $f_*(\pi_1(Y,y_0))\subset p_*(\pi_1(\tilde{X},\tilde{x}_0))$이 성립한다.

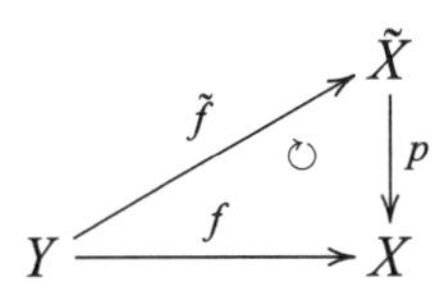

증명. ((a) $\Longrightarrow$ (b)) $f_*=p_*\circ\tilde{f}_*$이므로 자명하다.

((b) $\Longrightarrow$ (a)) Y의 임의의 점 $y\in Y$에 대하여 점 y_0로부터 y로의 곡선 σ를 선택하자. 정리 7.2.2에 의하면 시작점이 x_0인 곡선 $f\circ\sigma$은 시작점이 $\tilde{x}_0$인 올림곡선 $\widetilde{f\circ\sigma}$가 유일하게 존재한다.

$$\tilde{f}(y)=\widetilde{f\circ\sigma}(1)$$

로 사상 $\tilde{f}:Y\to\tilde{X}$를 정의하자. 이 정의는 곡선 σ의 선택에 의존한다. 따라서 $\tilde{f}$가 잘 정의되려면 y_0에서 y로의 또 다른 곡선 γ를 선택하여 위 작업을 반복하여 $\widetilde{f\circ\gamma}(1)$을

얻었을 때, 이 점이 $\widetilde{f\circ\sigma}(1)$과 같아야 한다. 이를 보이기 위하여 $\gamma*\overline{\sigma}$가 기준점이 y_0인 닫힌곡선임을 주목하자. 이제 $h_0=(f\circ\gamma)*(f\circ\overline{\sigma})$라 하면 h_0는 기준점이 x_0인 닫힌곡선으로 $[h_0]\in f_*(\pi_1(Y,y_0))$이다. 그런데 $f_*(\pi_1(Y,y_0))\subset p_*(\pi_1(\tilde{X},\tilde{x}_0))$이므로

$$[h_0]=[p\circ\tilde{h}_1]$$

를 만족하고 기준점이 $\tilde{x}_0$인 닫힌곡선 $\tilde{h}_1$이 유일하게 존재한다. $\tilde{h}_0$를 시작점이 $\tilde{x}_0$인 h_0의 올림곡선이라 하면 $h_0\simeq p\circ\tilde{h}_1\,rel\{0,1\}$이므로 따름정리 7.2.4 에 의하여

$$\tilde{h}_0\simeq\tilde{h}_1\mathrm{rel}\{0,1\}$$

이 성립한다. 따라서 $\tilde{h}_1$이 기준점이 $\tilde{x}_0$인 닫힌곡선이므로 $\tilde{h}_0$도 기준점이 $\tilde{x}_0$인 닫힌곡선이다. 시작점이 정해진 올림곡선이 유일하므로 $\tilde{h}_0$은 곡선 $\widetilde{f\circ\gamma}$와 시작점이 $\widetilde{f\circ\gamma}(1)$인 $f\circ\overline{\sigma}$의 유일한 올림곡선의 곱으로 표시된다. $\tilde{h}_0$의 끝점이 $\tilde{x}_0$이므로 시작점이 $\widetilde{f\circ\gamma}(1)$인 $f\circ\overline{\sigma}$의 유일한 올림곡선 τ의 끝점도 $\tilde{x}_0$가 된다. 한편, $p\circ\tau=f\circ\overline{\sigma}$이므로 $p\circ\overline{\tau}=f\circ\sigma$이다. 따라서 시작점이 $\overline{\tau}(0)=\tilde{x}_0$인 $f\circ\sigma$의 올림곡선은 $\overline{\tau}$이다. 그러므로

$$\widetilde{f\circ\sigma}=\overline{\tau}$$

이다. 이로부터

$$\widetilde{f\circ\sigma}(1)=\overline{\tau}(1)=\tau(0)=\widetilde{f\circ\gamma}(1)$$

가 성립함을 알 수 있다. 이제 $\tilde{f}$가 연속사상임을 보이자. 임의의 $y\in Y$에 대하여 $\tilde{f}(y)$를 포함하는 $\tilde{X}$에서 임의의 열린집합을 W라 하자. 또 $f(y)$를 포함하고 p에 의하여 고르게 덮힌 열린집합 V를 선택하고, $\tilde{f}(y)$를 포함하는 $p^{-1}(V)$의 길연결 성분을 U라 하자. f가 연속사상이고 Y가 국소 길연결공간이므로 $f(O)\subset U\cap W$인 y를 포함하고 길연결인 열린집합 $O\subset Y$가 존재한다. 이때, O의 임의의 점 z에 대하여 y에서 z로의 곡선 $\eta\subset O$를 선택하자. σ를 y_0에서 y로의 곡선이라 하면 $\sigma*\eta$는 y_0에서 z로의 곡선이다. $\widetilde{f\circ\eta}$를 시작점이 $\tilde{f}(y)$인 $f\circ\eta$의 올림곡선이라 하면

$$\tilde{f}(z)=(\widetilde{f\circ\sigma)*(f\circ\eta})(1)=\widetilde{f\circ\sigma}*\widetilde{f\circ\eta}(1)=\widetilde{f\circ\eta}(1)$$

이다. 그런데 $f\circ\eta\subset V$이고 $p:U\to V$가 위상동형사상이므로 $\widetilde{f\circ\eta}=p^{-1}\circ f\circ\eta$이다. 따라서

$$\tilde{f}(z)=\widetilde{f\circ\eta}(1)\in U\cap W$$

가 성립한다. 이는 $\tilde{f}(O) \subset U \cap W \subset W$를 의미한다. 즉, $\tilde{f}$가 임의의 점 $y \in Y$ 에서 연속사상이다. □

문제 7.2.9 임의의 연속사상 $f : S^2 \to S^1$ 은 상수함수로 연속변형됨을 보여라.

7.3 덮개공간의 분류

주어진 위상공간은 자기자신 외의 덮개공간을 가질까? 갖는다면 덮개공간에는 어떤 것들이 있을까? 이 단원에서는 이런 물음에 대한 답을 제시하고자 한다. 정해진 위상공간 X를 고려하자. 정리 7.2.5 에 의하면, X의 덮개공간 $\tilde{X}$마다, $\pi_1(X,x_0)$의 부분군 $p_*(\pi_1(\tilde{X}_0,\tilde{x}_0))$ 대응된다(단, $p : (\tilde{X},\tilde{x}_0) \to (X,x_0)$는 덮개사상). 그러면 역으로 $\pi_1(X,x_0)$의 각 부분군마다 그에 대응하는 덮개공간이 있을까? X가 준 국소 단순연결공간이라면 이 물음에 대한 답은 그렇다이다(증명은 참고문헌 [2] 또는 [3] 참조).

정의 7.3.1 위상공간 X의 각 점 x가 다음 조건을 만족하는 근방 U를 가지면 X를 **준 국소 단순연결공간**(semilocally simply connected space)이라 한다.

기준점이 x인 모든 닫힌곡선 $\sigma \subset U$은 X에서 상수곡선 C_x로 연속변형된다.

위 정의에서 나타나는 조건은 포함사상 $i : U \to X$에 유도되는 준동형사상 $i_* : \pi_1(U,x) \to \pi_1(X,x)$의 치역 $Im(i_*) = \{1\}$이 되는 것과 동치이다.

보기 7.3.2 Euclid 공간 $\mathbb{R}^2$ 에서 반지름과 중심이 각각 $1/n$, $(1/n,0)$인 원을 C_n이라 하고

$$X = \bigcup_{n \in \mathbb{N}} C_n$$

이라 하자. 이때, 원점의 근방은 모두 원을 포함하고 있으므로 절대 상수 곡선 $C_{(0,0)}$로 연속변형되지 않는다. 따라서 X는 준 국소 단순연결공간이 아니다.

그러나 X 위의 원뿔 CX는 한 점으로 줄일 수 있는 공간이므로 준 국소 단순연결공간이다. ◇

정리 7.3.3 위상공간 X가 길연결, 국소 길연결, 준 국소 단순연결공간이면, $\pi_1(X,x_0)$의 각 부분군 H에 대하여 다음 조건을 만족하는 X의 덮개공간 X_H가 존재한다.

$$p_*(\pi_1(X_H,\tilde{x}_0)) = H, \text{ 단 } p : (X_H,\tilde{x}_0) \to (X,x_0)\text{는 덮개사상}$$

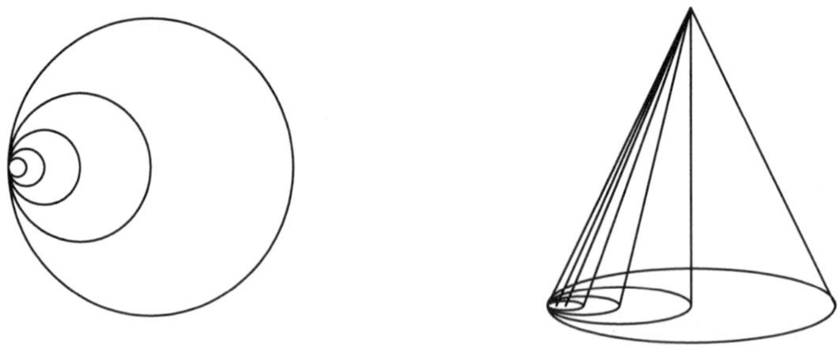

X $\qquad\qquad\qquad$ CX

앞에서 언급하였듯이 이 정리의 증명은 참고문헌 [2] 또는 [3] 을 참조하길 바란다. 지금까지 우리는 주어진 위상공간의 덮개공간의 존재 여부에 대하여 논의하였다. 이제 덮개공간이 존재할 경우 덮개공간을 어떻게 분류할 것인지에 대하여 알아보기로 하자. 먼저 $p : X_1 \to X$가 덮개사상일 때, 덮개사상을 나타내기 위하여 (X_1, p)를 X의 덮개공간이라 표시하기로 하자.

정의 7.3.4 위상공간 X의 두 덮개공간 (X_1, p_1)과 (X_2, p_2) 사이의 연속사상 $h : X_1 \to X_2$ 이

$$p_2 \circ h = p_1$$

을 만족하면 h를 (X_1, p_1) 에서 (X_2, p_2) 로의 **준동형사상**(homomorphism)이라 한다. 즉, 다음 다이어그램이 가환이다.

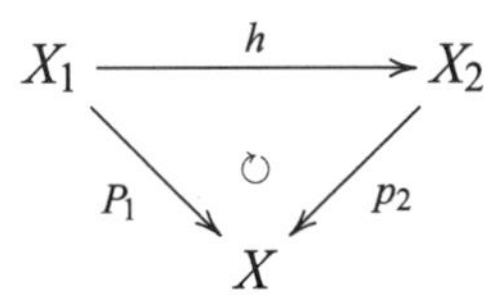

이때, 준동형사상 $h : X_1 \to X_2$가 위상동형사상일 때, h를 동형사상(isomorphism)이라 한다. 두 덮개공간 사이에 동형사상이 존재하면 그 두 덮개공간을 동형이라고 한다.

두 덮개공간 사이의 준동형사상은 덮개사상임을 보일 수 있다.

문제 7.3.5 위상공간 X의 두 덮개공간 (X_1, p_1)과 (X_2, p_2) 사이의 준동형사상 $h : X_1 \to X_2$ 는 덮개사상임을 보여라.

위상공간 X의 두 덮개공간 (X_1, p_1)과 (X_2, p_2)가 주어져 있다. 이 두 덮개공간 사이에 동형사상 $h : X_1 \to X_2$가 존재한다고 하자. 그러면 x_1과 $x_2 = h(x_1)$를 각각 X_1과

X_2 의 기준점이라 할 때,

$$p_{1*}(\pi_1(X_1,x_1)) = p_{2*}(h_*(\pi_1(X_1,x_1))) = p_{2*}(\pi_1(X_2,x_2))$$

이 성립한다. 역으로 $p_{1*}(\pi_1(X_1,x_1)) = p_{2*}(\pi_1(X_2,x_2))$라 가정하자. 덮개사상 $p_2 : X_2 \to X$에 정리 7.2.8을 적용하면

$$p_2 \circ \tilde{p}_1 = p_1, \quad \tilde{p}_1(x_1) = x_2$$

을 만족하는 연속사상 $\tilde{p}_1 : X_1 \to X_2$가 유일하게 존재한다. 마찬가지로 덮개사상 $p_1 : X_2 \to X$에 정리 7.2.8을 적용하면

$$p_1 \circ \tilde{p}_2 = p_2, \quad \tilde{p}_2(x_2) = x_1$$

을 만족하는 연속사상 $\tilde{p}_2 : X_1 \to X_2$가 유일하게 존재한다.

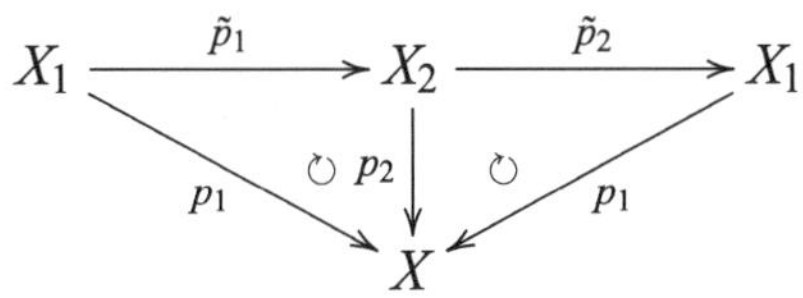

이제

$$p_1 \circ \tilde{p}_2 \circ \tilde{p}_1 = p_2 \circ \tilde{p}_1 = p_1$$

이 성립함을 주목하자. 이에 따르면 $\tilde{p}_2 \circ \tilde{p}_1$와 1_{X_1}이 모두 덮개사상 p_1에 대한 p_1의 올림사상이다. 그런데 $\tilde{p}_2 \circ \tilde{p}_1(x_1) = x_1$이고 $1_{X_1}(x_1) = x_1$이므로 정리 7.2.1에 따라

$$\tilde{p}_2 \circ \tilde{p}_1 = 1_{X_1}$$

이 성립한다. 비슷하게 하면

$$\tilde{p}_1 \circ \tilde{p}_2 = 1_{X_2}$$

이 성립함도 알 수 있다. 따라서 $\tilde{p}_1 : X_1 \to X_2$가 위상동형사상이다. 그러므로 덮개공간 (X_1, p_1)과 (X_2, p_2)는 동형이다. 지금까지 논의한 것을 정리하면 다음 정리를 얻는다.

정리 7.3.6 위상공간 X의 두 덮개공간 (X_1, p_1)과 (X_2, p_2)가 있다고 하자. $p_1(x_1) = p_2(x_2)$이면 다음 두 명제가 동치이다.

(a) 덮개공간 (X_1, p_1)과 (X_2, p_2)가 동형이다.

(b) $p_{1*}(\pi_1(X_1,x_1)) = p_{2*}(\pi_1(X_2,x_2))$가 성립한다.

군 G의 부분군 H와 K에 대하여

$$H = g^{-1}Kg$$

를 만족하는 원소 $g \in G$가 존재하면 H는 K에 **켤레**(conjugate)인 부분군이라 한다. 또 H에 켤레인 부분군의 집합을 H의 **켤레류**(conjugacy class)라 한다.

정리 7.3.7 $(\tilde{X}, p)$가 X의 덮개공간이라 하자. $x_0 \in X$와 $\tilde{x}_0 \in p^{-1}(x_0)$에 대하여 집합

$$\{p_*(\pi_1(\tilde{X}, \tilde{x})) \mid \tilde{x} \in p^{-1}(x_0)\}$$

은 $p_*(\pi_1(\tilde{X}, \tilde{x}_0))$의 켤레류이다. 즉, 다음 두 명제가 성립한다.

(a) 임의의 $\tilde{x} \in p^{-1}(x_0)$에 대하여 $p_*(\pi_1(\tilde{X}, \tilde{x}))$가 $p_*(\pi_1(\tilde{X}, \tilde{x}_0))$에 켤레인 부분군이다.

(b) $\pi_1(X, x_0)$의 임의의 부분군 H에 대하여, H가 $p_*(\pi_1(\tilde{X}, \tilde{x}_0))$에 켤레이면

$$H = p_*(\pi_1(\tilde{X}, \tilde{x}))$$

을 만족하는 $\tilde{x} \in p^{-1}(x_0)$가 존재한다.

증명. 먼저 (a)를 보이자. $\gamma : I \to \tilde{X}$를 시작점이 $\tilde{x}$이고 끝점이 $\tilde{x}_0$인 곡선이라 하자. 정리 6.2.4에 의하면 함수 $\Phi : \pi_1(\tilde{X}, \tilde{x}_0) \to \pi_1(\tilde{X}, \tilde{x})$,

$$\Phi([\alpha]) = [\overline{\gamma} * \alpha * \gamma]$$

동형사상이다. 따라서

$$p_*(\pi_1(\tilde{X}, \tilde{x})) = p_*(\Phi(\pi_1(\tilde{X}, \tilde{x}_0)))$$

이다. 그런데

$$p_*(\Phi(\pi_1(\tilde{X}, \tilde{x}_0))) = [p \circ \gamma]^{-1} \cdot p_*(\pi_1(\tilde{X}, \tilde{x}_0)) \cdot [p \circ \gamma]$$

이므로

$$p_*(\pi_1(\tilde{X}, \tilde{x})) = [p \circ \gamma]^{-1} \cdot p_*(\pi_1(\tilde{X}, \tilde{x}_0)) \cdot [p \circ \gamma >]$$

가 성립한다. $(p\circ\gamma)(0)=x_0=(p\circ\gamma)(1)=x_0$ 이므로 $p\circ\gamma$는 기준점이 x_0 인 닫힌곡선이다. 그러므로 $p_*(\pi_1(\tilde{X},\tilde{x}))$는 $p_*(\pi_1(\tilde{X},\tilde{x}_0))$ 에 켤레인 부분군이다.

이제 (b)를 증명해 보자.

$$H=[\sigma]^{-1}\cdot p_*(\pi_1(\tilde{X},\tilde{x}_0))\cdot[\sigma]$$

인 기준점이 x_0 인 닫힌곡선 σ가 있다 가정하자. $\tilde{x}_0$가 시작점인 σ의 유일한 올림곡선을 $\tilde{\sigma}$라 하자. $\tilde{\sigma}$의 끝점을 $\tilde{x}$라 하면 $p(\tilde{x})=\sigma(1)=x_0$ 이고

$$p_*(\pi_1(\tilde{X},\tilde{x}))=[p\circ\sigma]^{-1}\cdot p_*(\pi_1(\tilde{X},\tilde{x}_0))\cdot[p\circ\sigma]=H$$

이다. 따라서

$$p_*(\pi_1(\tilde{X},\tilde{x}))=H$$

이다. □

정리 7.3.6과 정리 7.3.7을 결합하면 다음 정리를 얻는다.

정리 7.3.8 위상공간 X의 덮개공간 (X_1,p_1)과 (X_2,p_2)에 대하여 다음 두 명제가 동치이다.

(a) (X_1,p_1)과 (X_2,p_2)가 동형이다.

(b) $p_{1*}(\pi_1(X_1,x_1))$과 $p_{2*}(\pi_1(X_2,x_2))$는 서로 켤레인 $\pi_1(X,x_0)$의 부분군이다. 여기서 $x_1\in p_1^{-1}(x_0)$, $x_2\in p_2^{-1}(x_0)$ 이다.

문제 7.3.9 정리 7.3.8을 증명하여라.

위상공간 X의 기본군 $\pi_1(X,x_0)$의 영부분군 $\{1\}$에 켤레인 부분군은 자기 자신 뿐이다(여기서 1은 군 $\pi_1(X,x_0)$의 항등원을 나타낸다). 따라서 기본군이 $\{1\}$인 X의 덮개공간은 모두 동형이다. 영부분군에 대응하는 덮개공간을 X의 **범덮개공간**(universal covering space)라 한다. 정리 7.3.3에 따르면 X가 길연결, 국소 길연결, 준 국소 단순연결공간이면 X의 범덮개공간이 존재함을 기억해 두자.

$(\tilde{X},p)$가 위상공간 X의 범덮개공간이라 하자. (X_1,p_1)이 X의 덮개공간이라 하면 정리 7.2.8에 의하면 준동형사상 $\phi:\tilde{X}\to X_1$이 존재한다. 문제 7.3.5에 의하면 ϕ는 덮개사상이다. 따라서 범덮개공간은 모든 덮개공간의 덮개공간이다. 범덮개공간이란 이름은 이런 이유로 인하여 붙여진 이름이다.

문제 7.3.10 덮개사상 $q:X\to Y$와 $r:Y\to Z$에 대하여, Z가 범덮개공간을 가진다면 $r\circ q:X\to Z$가 덮개사상임을 보여라(정리 7.2.8과 문제 7.3.5를 이용하라).

보기 7.3.11 그림 7.7은 8자 공간의 범덮개공간이다.

그림 7.7 8자 공간의 범덮개 공간

◇

7.4 덮개변환과 작용

덮개공간에서 자기자신으로의 동형사상을 자기동형사상이라 한다. 자기동형사상의 집합은 덮개변환군이라 부르는 군이 되는데 이는 위상공간을 이해하는 데 좋은 도구이다.

정의 7.4.1 $(\tilde{X},p)$를 X의 덮개공간이라 하자. 다이어그램

$$\begin{array}{ccc} (\tilde{X},p) & \xrightarrow{\phi} & (\tilde{X},p) \\ & {\scriptstyle p}\searrow \quad \circlearrowright \quad \swarrow{\scriptstyle p} & \\ & X & \end{array}$$

이 가환이 되는, 즉, $p\circ\phi=p$를 만족하는 위상동형사상 $\phi:\tilde{X}\to\tilde{X}$을 덮개공간 $(\tilde{X},p)$의 **덮개변환**(covering transformation) 또는 **자기동형사상**(automorphism)이라 한다. 덮개변환의 집합은 합성 연산에 대하여 군이 되는데 이 군을 $(\tilde{X},p)$의 **덮개변환군**(covering transformation group, deck transformation group)또는 **자기동형군**(automorphism group)이라 하고 $A(\tilde{X},p)$로 표시하기로 하자.

문제 7.4.2 $(\tilde{X},p)$가 X의 덮개공간이고 ϕ와 ψ가 덮개변환일 때, $\phi\circ\psi$와 ϕ^{-1}가 덮개변환임을 보임으로써 $A(\tilde{X},p)$가 군이 됨을 보여라.

문제 7.4.3 고정점을 갖는 $A(\tilde{X},p)$의 원소는 항등사상 $1_{\tilde{X}}$ 뿐임을 보여라.

정리 7.2.8 을 이용하면 다음 정리를 얻을 수 있다.

정리 7.4.4 $(\tilde{X},p)$가 위상공간 X의 덮개공간이라 하자. $x_0 \in X$, $\tilde{x}_0, \tilde{x}_1 \in p^{-1}(x_0)$에 대하여 다음 두 명제가 동치이다.

(a) $p_*(\pi_1(\tilde{X},\tilde{x}_0)) = p_*(\pi_1(\tilde{X},\tilde{x}_1))$이 성립한다.

(b) $\phi(\tilde{x}_0) = \tilde{x}_1$인 덮개변환 ϕ가 존재한다.

정리 7.2.1 에 의하면 위 정리 7.4.4 의 덮개변환 ϕ는 유일하게 존재한다. 덮개변환군은 위상공간에 작용하는 군이라는 개념의 특별한 경우로 파악할 수 있다. 위상공간에 군이 작용할 때, 오른쪽에서 작용하는 경우와 왼쪽에서 작용하는 경우가 있는데, 덮개변환군과 연관짓기 위해서는 왼쪽에서 작용하는 군, 기본군이 작용할 때는 오른쪽에서 작용하는 군이 적절하다.

정의 7.4.5 집합 E와 군 G에 대하여 다음 조건을 만족하는 연산 $\mu : G \times E \to E$가 존재하면 E를 **왼 G-집합**(left G-set)이라 하고 μ를 **왼 작용**(left action)이라 한다.

(a) 모든 $x \in E$에 대하여 $\mu(1,x) = x$가 성립한다.

(b) 임의의 $x \in E$와 $g_1, g_2 \in G$에 대하여,

$$\mu(g_1g_2,x)) = \mu(g_1,\mu(g_2,x))$$

가 성립한다.

위 정의에서 연산을 강조할 필요가 필요가 없을 경우 μ를 빼고 다음과 같이 표현하기도 한다.

$$1 \cdot x = x, \quad g_1g_2 \cdot x = g_1 \cdot (g_2 \cdot x)$$

연산의 순서를 바꾸어 오른 G-집합도 비슷하게 정의한다. 집합 E와 군 G에 대하여 다음 조건을 만족하는 연산 $\mu : E \times G \to E$가 존재하면 E를 **오른 G-집합**(right G-set)이라 하고 μ를 **오른 작용**(right action)이라 한다.

(a) 모든 $x \in E$에 대하여 $\mu(x,1) = x$가 성립한다.

(b) 임의의 $x \in E$와 $g_1, g_2 \in G$에 대하여,

$$\mu(x, (g_1 g_2)) = \mu(\mu(x, g_1), g_2)$$

가 성립한다.

왼 작용의 정의에서처럼 연산을 강조할 필요가 없을 경우 μ를 빼고 다음과 같이 표현하기도 한다.

$$x \cdot 1 = x, \quad x \cdot (g_1 g_2) = (x \cdot g_1) \cdot g_2$$

왼 G-집합의 정의에서 E가 위상공간일 때, 각 $g \in G$에 대하여

$$g(x) = g \cdot x$$

로 정의된 사상 $g : E \to E$가 위상동형사상이면 E를 **왼 G-공간**(left G-space)이라고 한다.

위상공간 X의 덮개공간 $(\tilde{X}, p)$에 대하여, 덮개변환군 $A(\tilde{X}, p)$의 오른 작용을

$$\phi \cdot \tilde{x} = \phi(\tilde{x})$$

로 정의하자. 임의의 $\tilde{x} \in \tilde{X}$와 $\phi_1, \phi_2 \in A(\tilde{X}, p)$에 대하여

$$1_{\tilde{X}} \cdot \tilde{x} = \tilde{x}, \quad (\phi_1 \phi_2) \cdot \tilde{x} = \phi_1 \cdot (\phi_2 \cdot \tilde{x})$$

가 성립한다. 또 ϕ가 위상동형사상이므로 $\tilde{X}$는 왼 $A(\tilde{X}, p)$-공간이다.

한편 기본군은 덮개공간에 오른쪽에서 작용한다. 기본군이 덮개사상의 한 점의 역상에 어떻게 작용하는지 알아보자. 나중에 이와 덮개변환과 연관지어 덮개공간 전체에 어떻게 작용하는지도 설명할 것이다.

정의 7.4.6 $(\tilde{X}, p)$를 X의 덮개공간, $x \in X$라 하자. 임의의 $\tilde{x} \in p^{-1}(x)$와 $[\alpha] \in \pi_1(X, x)$에 대하여 시작점이 $\tilde{x}$인 α의 유일한 올림곡선을 $\tilde{\alpha}$라 하자.

$$\tilde{x} \cdot [\alpha] := \tilde{\alpha}(1) \in p^{-1}(x)$$

라 정의하기로 하자.

따름정리 7.2.4에 따르면, 위 정의에서 동치류 $[\alpha]$의 대표원으로 어떤 것을 선택해도 $\tilde{x} \cdot [\alpha]$의 결과는 같다. 따라서 $\tilde{x} \cdot [\alpha]$가 잘 정의됨을 알 수 있다. 특히, 이 연산은

$$(\tilde{x} \cdot [\alpha]) \cdot [\beta] = \tilde{x} \cdot ([\alpha] \cdot [\beta]), \quad \tilde{x} \cdot 1 = \tilde{x}$$

을 만족한다. 그러므로 다음 정의에 의하면 $p^{-1}(x)$는 오른 $\pi_1(X, x)$-공간이다.

문제 7.4.7 정의 7.4.6 에서 정의된 연산에 대하여 $p^{-1}(x)$가 오른 $\pi_1(X,x)$-공간임을 보여라.

기본군 $\pi_1(X,x)$가 $p^{-1}(x)$에 어떻게 작용하는지 예를 들어 살펴보자.

보기 7.4.8 문제 6.3.1 에서 정의된 덮개사상인 지수함수 $p:\mathbb{R}\to S^1$,

$$p(t)=e^{2\pi it}=\cos 2\pi t+i\sin 2\pi t$$

을 고려하자. 먼저 $p^{-1}(1)=\mathbb{Z}\subset\mathbb{R}$이고 $\pi_1(S^1,1)=\mathbb{Z}$임을 기억하자. 이제 임의의 $m\in p^{-1}(1)$과 $n\in\pi_1(S^1,1)$에 대하여 $m\cdot n$을 구해보자.

n을 나타내는 닫힌곡선으로

$$\alpha(t)=\exp(2n\pi it)$$

을 택하자.

$$p(m+tn)=\exp(2\pi i(m+tn))=\exp(2n\pi it)=\alpha(t)$$

이므로 시작점이 m인 α의 올림곡선은

$$\tilde{\alpha}(t)=m+tn$$

이 된다. 따라서 $m\cdot n=\tilde{\alpha}(1)=m+n$이다. ◇

정의 7.4.9 위상공간 X의 덮개공간 $(\tilde{X},p)$을 고려하자. 각 $x\in X$와 $\tilde{x}_1,\tilde{x}_2\in p^{-1}(x)$에 대하여 $\phi(\tilde{x}_1)=\tilde{x}_2$를 만족하는 덮개변환 $\phi\in A(\tilde{X},p)$가 존재하면 $(\tilde{X},p)$를 X의 **정규**(regular 또는 normal) 덮개공간이라 한다.

덮개변환군과 기본군 사이에 어떤 관계가 있나 살펴보자. $(\tilde{X},p)$를 위상공간 X의 덮개공간이라 하고

$$H=p_*(\pi_1(\tilde{X},\tilde{x}_0)),\quad p(\tilde{x}_0)=x_0,\tilde{x}_0\in\tilde{X},x_0\in X$$

라 하자. $p^{-1}(x_0)$의 임의의 점을 $\tilde{x}_1$이라 하자. $\tilde{x}_0$에서 $\tilde{x}_1$까지의 곡선을 $\tilde{\gamma}$라 하고 $\gamma=p\circ\tilde{\gamma}$라 하면

$$p_*(\pi_1(\tilde{X},\tilde{x}_1))=[\gamma]^{-1}p_*(\pi_1(\tilde{X},\tilde{x}_0))[\gamma]=[\gamma]^{-1}H[\gamma]$$

이 성립한다. 역으로 H의 켤레류 $[\gamma]^{-1}H[\gamma]$에 대하여 시작점이 $\tilde{x}_0$인 γ의 올림곡선을 $\tilde{\gamma}$라 하고 $\tilde{x}_1=\tilde{\gamma}(1)$이라 하면

$$[\gamma]^{-1}H[\gamma]=p_*(\tilde{X},\tilde{x}_1)$$

이 성립한다(정리 7.3.7 을 참조할 것). 따라서 $\pi_1(X,x_0)$ 의 임의의 원소를 $[\gamma]$라 하면 조건

$$p_*(\pi_1(\tilde{X},\tilde{x}_0)) = p_*(\pi_1(\tilde{X},\tilde{x}_1))$$

이 $[\gamma]$가 H의 정규화부분군(normalizer) $N(H)$에 속할 필요충분조건이다. 참고로 $N(H) = \{g \in \pi_1(X,x_0) \,|\, g^{-1}Hg = H\}$ 임을 기억하자. 정리 7.4.4 에 의하면, $\phi(\tilde{x}_0) = \tilde{x}_1$ 을 만족하는 덮개변환 ϕ가 존재하는 것은

$$p_*(\pi_1(\tilde{X},\tilde{x}_0)) = p_*(\pi_1(\tilde{X},\tilde{x}_1))$$

이 성립할 필요충분조건이다. 따라서 $N(H) = \pi_1(X,x_0)$는 $(\tilde{X},p)$가 정규 덮개공간일 필요충분조건이다. 그러므로 다음 두 명제는 동치이다.

(a) $(\tilde{X},p)$가 X의 정규덮개공간이다.

(b) $H = p_*(\pi_1(\tilde{X},\tilde{x}_0))$가 $\pi_1(X,x_0)$의 정규부분군(normal subgroup)이다.

이제 $A(\tilde{X},p)$가 $N(H)/H$와 동형군임을 보여보자. 함수

$$\Psi : N(H) \to A(\tilde{X},p)$$

을 다음과 같이 정의하자. 각 $[\gamma] \in N(H)$에 대하여 시작점이 $\tilde{x}_0$ 인 γ의 올림곡선 $\tilde{\gamma}$의 끝점 $\tilde{\gamma}(1)$을 $\tilde{x}_1$ 이라 했을 때, $\tilde{x}_0$를 $\tilde{x}_1$ 으로 보내는 유일한 덮개변환 ϕ라 하자. 이때,

$$\Psi([\gamma]) = \phi$$

라 정의하자. 따름정리 7.2.4 에 의하면 Ψ는 γ의 선택과는 무관하게 잘 정의된다. 또 위에서 논의한 사실에 의하면 Ψ는 전사함수이다. Ψ가 준동형사상임을 보이기로 하자. $N(H)$의 임의의 원소 $[\gamma]$와 $[\tau]$에 대하여 $\Psi([\gamma]) = \phi_1$, $\Psi([\tau]) = \phi_2$라 하자. 그러면 시작점이 $\tilde{x}_0$ 인 γ의 올림곡선을 $\tilde{\gamma}$라 하고 $\tilde{\gamma}(1) = \tilde{x}_1$ 이라 할 때, ϕ_1은 $\phi_1(\tilde{x}_0) = \tilde{x}_1$을 만족하는 유일한 덮개변환이다. 또 시작점이 $\tilde{x}_1$ 인 τ의 올림곡선을 $\tilde{\tau}$라 하고 $\tilde{\tau}(1) = \tilde{x}_2$라 할 때, ϕ_2는 $\phi_2(\tilde{x}_1) = \tilde{x}_2$를 만족하는 유일한 덮개변환이다. 따라서 $\Psi([\gamma]\cdot[\tau]) = \phi_3$라 하면

$$\phi_3(\tilde{x}_0) = \widetilde{\gamma * \tau}(1) = \tilde{\tau}(1) = \tilde{x}_2$$

가 성립한다.

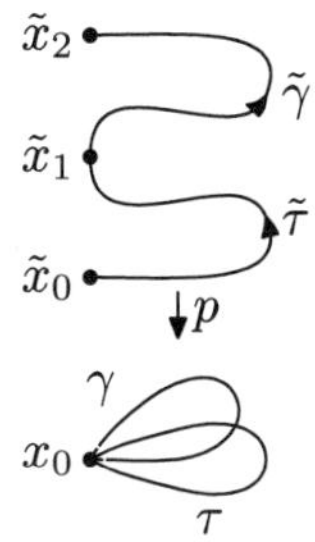

따라서

$$\phi_3(\tilde{x}_0) = (\phi_2 \circ \phi_1)(\tilde{x}_0)$$

이 성립한다. 그러므로

$$\Psi([\gamma] \cdot [\tau]) = \Psi([\gamma]) \circ \Psi([\tau])$$

성립, 즉 Ψ가 준동형사상이다.

$\ker\Psi$를 구하기 위하여 $\Psi([\gamma]) = 1_{\tilde{X}}$라 하자. 시작점이 $\tilde{x}_0$인 γ의 올림곡선을 $\tilde{\gamma}$라 하면,

$$\tilde{\gamma}(1) = 1_{\tilde{X}}(\tilde{x}_0) = \tilde{x}_0$$

이 된다. 즉, $\tilde{\gamma}$는 기준점이 $\tilde{x}_0$인 닫힌곡선이다. 역으로 기준점이 x_0인 닫힌곡선 γ의 시작점이 $\tilde{x}_0$인 올림곡선 $\tilde{\gamma}$의 끝점이 $\tilde{x}_0$라면 $\Psi([\gamma]) = 1_{\tilde{X}}$가 된다. 따라서

$$\ker\Psi = \{[\gamma] \mid \text{시작점이 } \tilde{x}_0 \text{ 인 } \gamma\text{의 올림곡선 } \tilde{\gamma}\text{는 닫힌곡선}\}$$

이다. 이 집합이 정확히 $p_*(\pi_1(\tilde{X}, \tilde{x}_0)) = H$이므로

$$\ker\Psi = H$$

이다. 따라서 $N(H)/H$와 $A(\tilde{X}, p)$는 동형군이다. 지금까지 논의한 것을 정리하면 다음 정리를 얻는다.

> **정리 7.4.10** $(\tilde{X}, p)$를 위상공간 X의 덮개공간이라 하자. $p(\tilde{x}_0) = x_0$이고 $H = p_*(\pi_1(\tilde{X}, \tilde{x}_0))$라 하면
>
> $$N(H)/H \cong A(\tilde{X}, p)$$
>
> 이다.

정리 7.4.10에서 $N(H) = \pi_1(X,x_0)$, 즉 $\tilde{X}$가 정규덮개공간이면 덮개변환군 $A(\tilde{X},p) \cong \pi_1(X,x_0)/H$이다. 또 $\tilde{X}$가 범덮개공간이면 $A(\tilde{X},p) \cong \pi_1(X,x_0)$임을 주목하자. 정리 7.4.10를 다음과 같이 다르게 표현할 수 있다. $\tilde{X}$가 오른 $N(H)/H$-공간이다.

정리 7.4.11 $(\tilde{X},p)$를 X의 덮개공간이라 하자. 각 $\tilde{x} \in \tilde{X}$에 대하여 다음 조건을 만족하는 $\tilde{x}$의 근방 U가 존재한다.

덮개변환 ϕ_1, ϕ_2에 대하여 $\phi_1(U) \cap \phi_2(U) \neq \varnothing$ 이면 $\phi_1 = \phi_2$이다.

증명. V를 p에 의하여 고르게 덮힌 $p(\tilde{x})$의 근방이고 U를 $\tilde{x}$를 포함하는 $p^{-1}(V)$의 길연결성분이라 하자. 만약 $\phi_1(U) \cap \phi_2(U) \neq \varnothing$인 덮개변환 ϕ_1, ϕ_2가 존재하면 $\phi_1(\tilde{x}_1) = \phi_2(\tilde{x}_2)$인 $\tilde{x}_1, \tilde{x}_2 \in U$가 존재한다. 각 $x \in X$에 대하여 $|p^{-1}(x) \cap U| \leq 1$임을 주목하면 $p(\tilde{x}_1) = p(\tilde{x}_2)$이므로 $\tilde{x}_1 = \tilde{x}_2$이다. 이제 $\phi_1^{-1} \circ \phi_2$가 이 점을 고정시키므로 $\phi_1^{-1} \circ \phi_2 = 1_{\tilde{X}}$, 즉, $\phi_1 = \phi_2$이다. □

군 G가 위상공간 E에 왼쪽에서 작용한다고 하자. 각 점 $x \in E$에 대하여 다음 조건을 만족하는 x의 근방 U가 존재한다고 하자.

임의의 $g_1, g_2 \in G$에 대하여 $g_1(U) \cap g_2(U) \neq \varnothing$ 이면 $g_1 = g_2$이다.

그러면 G가 E에 **진성불연속**(properly discontinuous)으로 작용한다고 한다. 덮개변환군 $A(\tilde{X},p)$가 덮개공간 $\tilde{X}$에 진성불연속으로 작용한다(정리 7.4.11 참조). 집합

$$Gx = \{g \cdot x \mid g \in G\}$$

를 x의 **궤도**(orbit)라 한다. 궤도들로 이루어진 상공간 E/G을 **궤도공간**(orbit space)이라 한다.

정리 7.4.12 군 G가 길연결이고 국소 길연결공간 E에 진성불연속으로 오른쪽에서 작용한다 하자. 그러면

(a) 상사상 $p : E \to E/G$, $p(x) = Gx$가 정규 덮개사상이다.

(b) G가 E/G의 덮개공간 (E,p)의 덮개변환군이다.

(c) G와 $\pi_1(E/G)/p_*(\pi_1(E))$은 동형군이다.

증명. G가 E에 진성불연속으로 작용하기 때문에

$$g_1 \neq g_2 \text{ 이면 } g_1(U) \cap g_2(U) = \varnothing$$

을 만족하는 열린집합 U를 선택할 수 있다. 상사상의 정의에 의하면 p를 각 $g(U)$에 제한시키면 $g(U)$에서 $p(U)$로의 위상동형사상이다. 따라서 p가 덮개사상이다. G의 각 원소 g가 덮개변환으로 작용함은 자명하다. 또 $g_1^{-1}g_2$가 $g_1(U)$을 $g_2(U)$로 보내므로 (E,p)는 정규덮개공간이다.

(b)를 보이기 위하여 덮개변환군이 G를 포함하므로 임의의 덮개변환이 G의 원소로 나타낼 수 있음을 보이면 된다. ϕ가 덮개변환이면 임의의 점 $x \in E$에 대하여 x와 $\phi(x)$가 같은 궤도에 있으므로

$$\phi(x) = g \cdot x$$

를 만족하는 $g \in G$가 존재한다. 길연결공간인 덮개공간의 두 덮개변환은 한 점에서 일치하면 모든 점에서 일치하므로 ϕ는 g로 나타낼 수 있다.

(c)는 정리 7.4.10을 덮개사상 $p : E \to E/G$에 적용하면 얻을 수 있다. □

7.5 Borsuk-Ulam 정리

덮개사상의 응용의 하나로 S. Ulam이 가설을 세우고 K. Borsuk이 증명한 Borsuk-Ulam 정리를 소개하기로 하자.

정리 7.5.1 다음을 만족하는 연속사상 $f : S^2 \to S^1$는 존재하지 않는다.

$$\text{모든 } x \in S^2 \text{ 에 대하여 } f(-x) = -f(x) \text{ 이다.}$$

증명. 결론을 부정하여 연속사상 $f : S^2 \to S^1$가 모든 $x \in S^2$에 대하여 $f(-x) = -f(x)$를 만족한다고 하자. 다음 다이어그램을 고려하자.

$$\begin{array}{ccc} S^2 & \xrightarrow{f} & S^1 \\ {\scriptstyle p}\downarrow & \curvearrowright & \downarrow{\scriptstyle q} \\ \mathbb{P}^2 & \xrightarrow{h} & \mathbb{P}^1 \end{array}$$

여기서 (S^2, p)와 (S^1, q)가 각각 사영공간 $\mathbb{P}^2$와 $\mathbb{P}^1$의 2엽 덮개공간이다. $f(-x) = -f(x)$이므로 위 다이어그램이 가환이 되도록 하는 연속사상 $h : \mathbb{P}^2 \to \mathbb{P}^1$이 유일하게 존재한다. 먼저 $\pi_1(\mathbb{P}^2) \cong \mathbb{Z}_2$이고 $\pi_1(\mathbb{P}^1) \cong \pi_1(S^1) \cong \mathbb{Z}$이므로

$$h_* : \pi_1(\mathbb{P}^2) \to \pi_1(\mathbb{P}^1)$$

은 0-사상이다.

한편, S^2의 한 점 x_0과 그의 대척점 $-x_0$를 연결한 곡선을 α라 하면 $q \circ f \circ \alpha$는 $\mathbb{P}^1$에서 기준점이 $q(f(x_0))$인 닫힌곡선이 된다. 그러면 $[q \circ f \circ \alpha] \not\cong C_{q(f(x_0))}$이어야 한다. 만약 그렇지 않다면, 따름정리 7.2.4 에 의하여

$$f \circ \alpha \cong C_{f(x_0)}\, rel\, \{0, 1\}$$

이다. 그런데

$$f \circ \alpha(1) = f(-x_0) = -f(x_0) \neq f(x_0)$$

이므로 $f \circ \alpha$는 닫힌곡선이 아니다. 따라서 모순이 발생한다. 그러므로

$$[q \circ f \circ \alpha] \neq [C_{q(f(x_0))}]$$

이다.

$$h_*([p \circ \alpha]) = [h \circ p \circ \alpha] = [q \circ f \circ \alpha]$$

이므로 h_*가 0-사상이 아니다. 이는 앞에서 h_*가 0-사상이라는 사실에 모순이다. 따라서 모든 $x \in S^2$에 대하여 $f(-x) = -f(x)$이 성립하는 연속사상 $f : S^2 \to S^1$은 존재하지 않는다. □

정리 7.5.1 을 **Borsuk-Ulam 정리**라고 한다. Borsuk-Ulam 정리는 더 높은 차원에서도 성립한다. 즉, 모든 $x \in S^n$에 대하여 $f(-x) = -f(x)$를 만족하는 연속사상 $f : S^n \to S^{n-1}$는 존재하지 않는다. $n \geq 3$일 때, 이를 증명하기 위해서는 호몰로지군이 필요한데 이 책에서는 다루지 않기로 한다.

따름정리 7.5.2 $g : S^2 \to \mathbb{R}^2$가 연속사상이라 하자 . 모든 $x \in S^2$에 대하여 $g(-x) = -g(x)$이면 $g(x_0) = (0, 0)$인 점 $x_0 \in S^2$가 존재한다.

증명. 결론을 부정하여 모든 $x \in S^2$ 에 대하여 $g(x) \neq (0,0)$ 라 가정하자. 그러면

$$f(x) = \frac{g(x)}{|g(x)|}$$

로 정의된 사상 $f : S^2 \to S^1$ 은 연속사상이다. 이는 Borsuk-Ulam 정리에 모순이다.

□

> **따름정리 7.5.3** 연속사상 $h : S^2 \to \mathbb{R}^2$ 에 대하여, $h(x_0) = h(-x_0)$ 를 만족하는 점 $x_0 \in S^2$ 가 존재한다.

증명. 결론을 부정하여 모든 $x \in S^2$ 에 대하여 $h(x) \neq h(-x)$ 라고 가정하자. $g(x) = h(x) - h(-x)$ 라 정의하면 $g : S^2 \to \mathbb{R}^2$ 는 연속사상이고 모든 $x \in S^2$ 에 대하여

$$g(-x) = -g(x), \quad g(x) \neq (0,0)$$

이 성립한다. 이는 따름정리 7.5.2 에 모순이다. □

문제 7.5.4 $\mathbb{R}^n$ 의 어떤 부분집합도 S^n 과 위상동형이 될 수 없음을 보여라.

연습문제

1. 덮개사상 $p : \tilde{X} \to X$ 에 대하여, 각 점 $x \in X$ 의 역상 $p^{-1}(x)$ 이 유한집합이라 하자. 다음 두명제가 동치임을 보여라.

   (a) $\tilde{X}$ 가 옹골, Hausdorff 공간이다.

   (b) X 가 옹골, Hausdorff 공간이다.

2. 사상 $f : \mathbb{P}^2 \to S^1$ 이 연속이면 f 는 상수함수로 연속변형됨을 보여라.

3. 원환체 T 가 Klein 병 K 의 2엽 덮개공간임을 보여라.

4. 보기 7.1.8 의 덮개사상 q 에 대하여, $(m,n) \in \pi_1(S^1 \times S^1, (1,1)$ 의 점 $(2,3) \in q^{-1}(1,1)$ 에 작용한 결과

   $$(2,3) \cdot (m,n)$$

   을 구하여라.

5. 보기 7.3.2 에서 주어진 공간 X 에 대하여 다음을 보여라.

   (a) X가 범덮개공간을 갖지 않는다.

   (b) 다음 그림의 공간 Y는 X의 덮개공간이다.

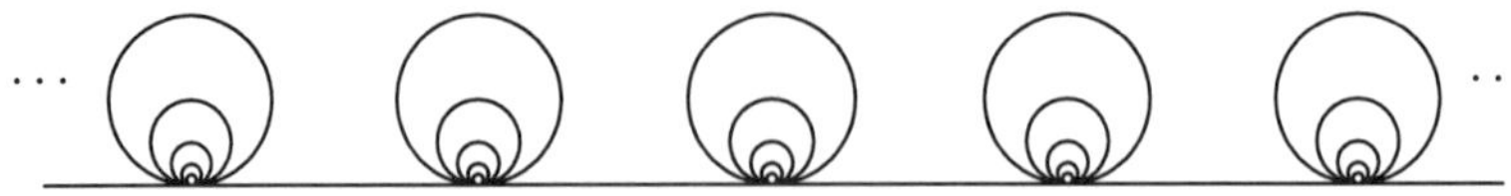

그림 7.8

   두 덮개사상의 합성 사상 $Z \to Y \to X$가 덮개사상이 아닌 Y의 덮개공간 Z가 존재한다.

6. 덮개사상 $q : X \to Y$와 $r : Y \to Z$에 대하여 $p = r \circ q$라 하자. 각 $z \in Z$에 대하여 $r^{-1}(z)$가 유한집합이면 p가 덮개사상임을 보여라.

7. $\tilde{X}$가 원환체 T의 덮개공간이면 $\tilde{X}$는 $\mathbb{R}^2$, $S^1 \times \mathbb{R}$, T 중 하나와 위상동형임을 보여라.

8. 모든 비가향 닫힌곡면은 가향곡면인 2엽 덮개공간을 가짐을 보여라.

부록 A: 집합론

집합(set)이란 원 또는 원소라 불리는 수학적 대상들의 모임을 일컫는 용어로 보통 $A, B, C, \ldots, X, Y, Z$ 등으로 표시하며, 집합을 나타내는 방법으로 그 집합에 속하는 원을 직접 나열하는 방법과 그 원들이 갖는 성질을 서술하는 방법이 있다. 예를 들어

$$A = \{a, b, c\}, \qquad B = \{x \mid x \text{ 는 짝수이다}\}$$

기호 '$\in$' 은 집합과 원 사이의 관계를 나타내고, 기호 '$\subset$' 은 집합 사이의 관계를 나타낸다. 즉, '$a \in A$' 은 a가 집합 A의 원 또는 원소를 의미하며, '$A \subset B$' 은 집합 A가 집합 B에 포함된다 (또는 집합 A은 집합 B의 부분집합이다)는 것을 의미한다. 자기 자신과 공집합을 제외한 부분집합을 **진부분집합**이라 부른다.

정의 A.1 집합 A와 집합 B의 합집합과 교집합은 다음과 같이 정의된 집합이다.

$$A \cup B = \{x \mid x \in A \text{ 또는 } x \in B\}$$

$$A \cap B = \{x \mid x \in A \text{ 이고 } x \in B\}$$

또한 $A \subset X$일 때, 전체집합 X에서 A의 여집합은 A에 포함되지 않는 원들의 모임이다.

$$X - A = \{x \in X \mid x \notin A\}$$

정의 A.2 집합 A와 집합 B의 곱집합은 A의 원과 B의 원을 순서쌍으로 나열한 집합이다.

$$A \times B = \{(a, b) \mid a \in A \text{ 이고 } b \in B\}$$

유한개의 집합들의 모임 $\{A_i \mid 1 \le i \le n\}$의 곱집합은

$$A_1 \times A_2 \times \cdots \times A_n = \{(a_1, a_2, \ldots, a_n) \mid a_i \in A_i,\ 1 \le i \le n\}$$

으로 정의되고, a_i를 원 $(a_1, a_2, \ldots, a_n)$의 i-번째 좌표라 부른다.
일반적으로, 임의의 개수의 집합들의 모임 $\{A_\alpha \mid \alpha \in \Lambda\}$의 곱집합은

$$\prod_{\alpha \in \Lambda} A_\alpha = \{f : \Lambda \to \bigcup_{\alpha \in \Lambda} A_\alpha \mid f(\alpha) \in A_\alpha,\ \forall\, \alpha \in \Lambda\}$$

와 같이 정의된다.

관계(relation)란 두 집합 사이의 원들을 연결하는 일종의 규칙을 의미하는 것으로, 구체적으로 집합 A에서 집합 B로의 관계 $\mathscr{R}$이란 곱집합 $A \times B$의 부분집합 $\mathscr{R}$으로 정의된다. 즉, 기호 $a\mathscr{R}b$는 $(a,b) \in \mathscr{R}$을 의미한다. 예를 들어 실수 $\mathbb{R}$ 사이에서의 부등식 '$<$' 은 일종의 관계 $\mathscr{R}$이다.

$$\mathscr{R} = \{(x,y) \in \mathbb{R} \times \mathbb{R} \mid x < y\}$$

특히, 집합 A에서 A로의 관계들 중에서 다음 세 가지 조건 (1), (2), (3)을 만족하는 관계를 집합 A상에서의 **동치관계**(equivalence relation)라 부르고, $\sim$으로 나타낸다.

(1) 반사성(Reflexivity): 모든 $a \in A$에 대하여 $a \sim a$
(2) 대칭성(Symmetry): $a \sim b$이면 $b \sim a$
(3) 추이성(Transitivity): $a \sim b$이고 $b \sim c$이면 $a \sim c$

한편, $\sim$이 집합 A상에서의 동치관계일 때, 각각의 $a \in A$에 대하여

$$[a] = \{b \in A \mid a \sim b\}$$

을 a의 **동치류**(equivalence class)라 한다.

보기 A.1 실수 $\mathbb{R}$ 상에서 다음과 같이 정의되어진 관계 $\sim$는

$$x \sim y \Longleftrightarrow x - y \in \mathbb{Z}$$

동치관계가 되고, 각 실수 x의 동치류는 $[x] = \{x+n \mid n \in \mathbb{Z}\}$이다. ◇

사상(map) 또는 함수(function) $f : A \to B$는 집합 A의 각각의 원에 대하여 집합 B의 원들 중에서 오직 한 개씩만 대응시키는 집합 A에서 B로의 관계의 일종이다. 이때 $a \in A$에 대응하는 원을 $b \in B$라 하면, $f(a) = b$로 나타내고 b를 사상 f에 의한 a의 상이라 부른다. 또한 집합 A를 사상 f의 **(domain)**이라 하고 $f(A) = \{b \in B \mid b = f(a), \exists\, a \in A\}$를 사상 f의 **치역**(range)'이라 한다.

정의 A.3 사상 $f : A \to B$가 있다. A_0가 집합 A의 부분집합일 때,

$$f(A_0) = \{b \in B \mid b = f(a), \exists\, a \in A_0\}$$

을 사상 f에 의한 A_0의 **상**(image)이라 한다. 또한, B_0가 집합 B의 부분집합일 때,

$$f^{-1}(B_0) = \{a \in A \mid f(a) \in B_0\}$$

을 사상 f에 의한 B_0의 **역상(preimage)**이라 한다.

정의 A.4 1. 사상 $f: A \to B$와 사상 $g: B \to C$이 있을 때, 합성사상 $g \circ f: A \to C$이란 각각의 $a \in A$에 대하여 $g \circ f(a) := g(f(a))$로 정의된 사상을 말한다.
2. 사상 $f: A \to B$가 있다. 집합 A에 들어있는 임의의 서로 다른 두 원 $a \neq b$에 대하여 $f(a) \neq f(b)$이면 사상 f를 **단사사상**(one-to-one map)이라 하고, $f(A) = B$일 때 사상 f를 **전사사상**(onto map)이라 한다. 또한 단사이면서 동시에 전사인 사상을 **전단사**(one-to-one correspondence)라 한다. 이 경우 다음과 같이 정의된 사상 $f^{-1}: B \to A$가 존재하고,

$$a = f^{-1}(b) \Longleftrightarrow b = f(a)$$

이를 사상 f의 **역사상**이라 한다.

보기 A.2 실수 $\mathbb{R}$ 상에서 정의된 사상 $f: \mathbb{R} \to \mathbb{R}$, $f(x) = x^2 + 3$가 있다. 이 때

$$f^{-1}(f([-1,1])) = f^{-1}([3,4]) = [-1,1]$$

$$f(f^{-1}([0,4])) = f([-1,1]) = [3,4].$$

◇

집합 A에서 A로의 관계 $\preceq$ 가 다음 세가지 조건 (1), (2), (3)을 만족할 때, 집합 A상에서의 **부분순서관계**(partial order relation)라 하고, 이 때 $(A, \preceq)$를 **부분순서집합**(partially ordered set)이라 한다.
(1) 반사성(Reflexivity): 모든 $a \in A$에 대하여 $a \preceq a$
(2) 반대칭성(Antisymmetry): $a \preceq b$이고 $b \preceq a$이면 $a = b$
(3) 추이성(Transitivity): $a \preceq b$이고 $b \preceq c$이면 $a \preceq c$

정의 A.5 $(A, \preceq)$를 부분순서집합이라 하자. 집합 A에 들어있는 임의의 두 원 a, b에 대하여 $a \preceq b$ 또는 $b \preceq a$가 성립할 때, $(A, \preceq)$을 **전순서집합**(totally ordered set 또는 linearly ordered set)이라 한다.

보기 A.3 실수 $\mathbb{R}$ 상에서 부등식 $\leq$ 은 부분순서관계가 되고, 임의의 두 실수 a, b에 대하여 $a \leq b$ 또는 $b \leq a$가 항상 성립하므로 $(\mathbb{R}, \leq)$은 전순서집합이 된다. ◇

정의 A.6 $(A, \preceq)$를 부분순서집합이라 하자.

1. 한 원 $a_o \in A$가 임의의 원 $a \in A$에 대하여 항상 $a_o \preceq a$일 때, a_o을 $(A, \preceq)$의 **최소원**(the smallest element)이라 한다. 또한, 한 원 $b_o \in A$가 임의의 원 $a \in A$에 대하여 항상 $a \preceq b_o$일 때, b_o을 $(A, \preceq)$의 **최대원**(the largest element)이라 한다.
2. 한 원 $a_o \in A$가 집합 $A \setminus \{a_o\}$ 안에 $a \preceq a_o$를 만족하는 원 a가 존재하지 않을 때, a_o을 $(A, \preceq)$의 **극소원**(the minimal element)이라 한다. 또한, 한 원 $b_o \in A$가 집합 $A \setminus \{b_o\}$ 안에 $b_o \preceq a$를 만족하는 원 a가 존재하지 않을 때, b_o을 $(A, \preceq)$의 **극대원**(the maximal element)이라 한다.

정의 A.7 B를 부분순서집합 $(A, \preceq)$의 부분집합이라 하자.

1. 한 원 $l \in A$가 임의의 원 $b \in B$에 대하여 $l \preceq b$일 때, 원 l을 집합 B의 **하계**(lower bound)라 한다. 집합 B의 하계들 중에서 최대원이 있다면 그 원을 B의 **하한**(infimum)이라 하고 $\inf B$로 나타낸다.
2. 한 원 $u \in A$가 임의의 원 $b \in B$에 대하여 $b \preceq u$일 때, 원 u를 집합 B의 **상계**(upper bound)라 한다. 집합 B의 상계들 중에서 최소원이 있다면 그 원을 B의 **상한**(supremum)이라 하고 $\sup B$로 나타낸다.
3. 집합 B가 상계를 가질 때 **위로 유계**(bounded above)라 하고, 하계를 가질 때 **아래로 유계**(bounded below)라 한다. 집합 B가 상계와 하계를 모두 갖는 경우 B를 **유계집합**(bounded set)이라 한다.

Zorn의 보조정리 A를 공집합이 아닌 부분순서집합이라 하자. 만약 A에 들어있는 임의의 전순서부분집합이 항상 상계를 가지면, A에는 적어도 하나의 극대원이 존재한다.

참고로, 'Zorn의 보조정리'는 수학에서 매우 중요하게 사용되는 정리 중의 하나로 선택공리(Axiom of Choice) 및 정렬공리(Well-Ordering Principle) 등과 동치명제이다.

부록 B: Urysohn 보조정리

> Urysohn 보조정리 A와 B가 정규공간 X에 들어있는 닫힌집합으로 서로 만나지 않으면 $x \in A$에 대해서는 $h(x) = 0$, $x \in B$에 대해서는 $h(x) = 1$이 성립하는 연속함수 $h : X \to [0,1]$이 존재한다.

증명. 다음 두 단계로 나누어서 증명하기로 한다.

단계 1: 유리수의 집합 $\mathbb{Q}$에 들어있는 각 유리수 p에 대하여 '$p < q \Longrightarrow \overline{U}_p \subset U_q$'를 만족하는 X의 열린집합 U_p를 대응시키고자 한다. 이를 위하여 먼저, 닫힌구간 $[0,1]$ 사이에 있는 모든 유리수의 집합 P에 들어있는 각각의 점 p에 대하여 X의 열린집합 U_p를 수학적 귀납법을 사용하여 찾고자 한다. P를 다음과 같은 순서로 나열하고

$$P = \left\{0, 1, \frac{1}{2}, \frac{1}{3}, \frac{2}{3}, \frac{1}{4}, \frac{1}{5}, \frac{2}{5}, \frac{3}{5} \cdots\right\}$$

P_n을 P에 들어있는 첫째 원부터 n번째까지의 원으로 이루어져 있는 부분집합이라 하자. 우선 $U_1 = X - B$라 놓고 A가 U_1에 포함된 닫힌집합이고 X가 정규공간이라는 사실로 부터 $A \subset U_0 \subset \overline{U_0} \subset U_1$를 만족하는 열린집합 U_0를 찾는다. 그런 다음, 임의의 자연수 n에 대하여 P_n에 들어있는 모든 p에 대하여 '$p < q \Longrightarrow \overline{U}_p \subset U_q$'를 만족하는 X의 열린집합 U_p가 정의되어 있다고 가정하자. 유리수 r를 P에 들어있는 $n+1$번째 원이라 하면 $P_{n+1} = P_n \cup \{r\}$이 되고, P_{n+1} 안에서 r의 바로 앞에 오는 수 p와 바로 뒤에 오는 수 q가 존재하고 이들에 대해서는 가정에 의해서 $\overline{U}_p \subset U_q$를 만족하는 열린집합들이 정해져 있다. 이에 다시 X가 정규공간이라는 사실을 이용하여 $\overline{U}_p \subset U_r \subset \overline{U}_r \subset U_q$를 만족하는 r에 대응하는 열린집합 U_r를 찾는다. 따라서 수학적 귀납법에 의하여 P에 들어있는 각각의 점 p에 대응하는 열린집합 U_p를 찾을 수 있다. 마지막으로 p가 음의 유리수이면 $U_p = \varnothing$, 1보다 큰 양의 유리수이면 $U_p = X$로 정의하자. 그러면 임의의 유리수 $p, q \in \mathbb{R}$에 대하여 $p < q$이면 $\overline{U}_p \subset U_q$를 만족한다는 것을 쉽게 알 수 있다.

단계 2: Urysohn 보조정리에서 요구하는 함수 $h : X \to [0,1]$를 다음과 같이 정의

하자.

$$h(x) = \inf\{p \in \mathbb{Q} \,|\, x \in U_p\}$$

이때, $x \in A$ 이면 모든 $p \in P$ 에 대하여 $x \in U_p$ 이므로 $h(x) = \inf\{p \in \mathbb{Q} \,|\, x \in U_p\} = 0$ 이 되고, $x \in B$ 이면 어떠한 $p \in P$ 에 대해서도 $x \notin U_p$ 이므로 $h(x) = 1$ 이 자명하다. 마지막으로 함수 h 가 연속임을 보이기 위하여 다음 두 사실을 이용하자.

(1) $x \in \bar{U}_r$ 이면 $h(x) \leq r$ 이다. (이유는 $x \in \bar{U}_r$ 이면 r 보다 큰 어떠한 s 에 대해서도 $x \in U_s$ 이므로 $h(x) = \inf\{p \in \mathbb{Q} \,|\, x \in U_p\} \leq r$ 이기 때문이다)

(2) $x \notin U_r$ 이면 $h(x) \geq r$ 이다. (이유는 $x \notin U_r$ 이면 r 보다 적은 어떠한 s 에 대해서도 $x \notin U_s$ 이므로 $h(x) = \inf\{p \in \mathbb{Q} \,|\, x \in U_p\} \geq r$ 이기 때문이다)

이제, X 위의 임의의 점 x_o 와 $h(x_o)$ 를 포함하는 임의의 열린구간 (α, β) 에 대하여 $h(U) \subset (\alpha, \beta)$ 가 되는 x_o 를 포함하는 열린집합 U 를 찾고자 한다. 이를 위하여 $\alpha < p < h(x_o) < q < \beta$ 를 만족하는 유리수 p 와 q 를 선택한 다음, $U := U_q - \bar{U}_p$ 가 원하는 열린집합임을 보이자. 위의 조건 (1)과 (2)에 의하여 $p < h(x_o) < q$ 이므로 $x_o \in U = U_q - \bar{U}_p$ 이다. 사실은 각각의 $x \in U$ 에 대하여 $x \in U_q \subset \bar{U}_q$ 이므로 $h(x) \leq q$ 이고, $x \notin \bar{U}_p$ 이면 $x \notin U_p$ 이므로 $h(x) \geq p$ 이다. 따라서 모든 $x \in U$ 에 대하여 $h(x) \in [p, q] \subset (\alpha, \beta)$ 를 만족한다. □

부록 C: 자유곱과 Van-Kampen 정리

군의 모임 $\{G_\alpha\}$이 주어지면 이들 군의 원소들로 이루어진 낱말들의 모임으로 자유곱을 정의할 수 있는데, 여기서는 두 개의 군 A와 B가 주어져 있을 때, 두 군 A와 B의 자유곱만을 정의하기로 하겠다. $A \cup B$의 항등원이 아닌 유한개의 원소 $g_1, g_2, \ldots, g_n$들을 나란히 쓴 $g_1 g_2 \cdots g_n$을 **낱말**(word)이라 한다. 이 낱말들 중 이웃한 어떤 두 원소 g_i와 g_{i+1}이 A와 B 중 한 곳에 속하지 않으면 $g_1 g_2 \cdots g_n$을 **길이가 n인 기약 낱말**(reduced word)이라 한다. 같은 군에 속하는 두 원소가 나란히 있는 경우 곱을 행한 후 새로 얻은 원소로 기존의 두 원소를 대치하는 작업을 반복하면 기약 낱말을 얻을 수 있다. 아무 원소로도 이루어지지 않은 빈 낱말을 낱말이라 인정하고 항등원으로 여기자. 또 임의의 두 기약 낱말 $g_1 \cdots g_m$, $h_1 \cdots h_n$의 곱을

$$(g_1 \cdots g_m)(h_1 \cdots h_n) = g_1 \cdots g_m h_1 \cdots h_n$$

이라 정의하자. 여기서 곱의 결과가 기약 낱말이 아닐 경우 앞에서와 마찬가지로 이웃한 원소를 새로운 원소로 대치하는 방법으로 기약원소를 얻을 수 있는데 이 기약 낱말을 두 기약 낱말의 곱이라 정의한다. 예를 들어 $(g_1 g_2)(g_2^{-1} g_1^{-1})$는 빈 낱말이다. 이 연산에 대하여 기약 낱말의 집합이 군이 됨을 보이는 것은 그리 어렵지 않은 일이다. 이렇게 얻은 군을 A와 B의 **자유곱**(free product)이라 하고 $A * B$로 나타낸다.

보기 C.1 두 정수군의 자유곱 $\mathbb{Z} * \mathbb{Z}$은 첫 번째 정수군을 $< a >$, 두 번째 정수군을 $< b >$라 하면 a^m 꼴과 b^n 꼴의 원소들이 교대로 나타나는 낱말의 집합이다. 여기서 m과 n은 정수이다. $\mathbb{Z} * \mathbb{Z}$을 **계수가 2인 자유군**(free group of rank 2)이라 한다. ◊

보기 C.2 두 $\mathbb{Z}_2$군의 자유곱 $\mathbb{Z}_2 * \mathbb{Z}_2$가 어떤 군인지 알아보자.

첫 번째 $\mathbb{Z}_2$군의 생성원을 a, 두 번째 $\mathbb{Z}_2$군의 생성원을 b라 하면 $a^2 = 1$, $b^2 = 1$이므로 $\mathbb{Z}_2 * \mathbb{Z}_2$는 a와 b가 교대로 나타나는 낱말의 집합이다. 예를 들어

$$a, b, ab, ba, aba, bab, abab, baba, \ldots$$

등이 $\mathbb{Z}_2 * \mathbb{Z}_2$의 원소이다. 그런데 $\phi(x)$를 기약 낱말 x의 길이를 2로 나눈 나머지로 정의하면 준동형사상

$$\phi : \mathbb{Z}_2 * \mathbb{Z}_2 \to \mathbb{Z}_2$$

을 얻는다. ϕ가 전사사상임은 자명하다. 또 $\ker\phi$가 길이가 짝수인 기약 낱말로 이루어진 집합이므로 $ab = (ba)^{-1}$에 의하여 생성되는 정수군이다. 따라서 $x = ab$라 하면 $\mathbb{Z}_2 * \mathbb{Z}_2$는 x와 a에 의하여 생성되는 자유군을 $axa^{-1}x$에 의하여 생성된 부분군으로 나눈 군과 같다. 이 군을 **이면군**(dihedral group)이라 한다. ◇

기본군을 계산하는 데 아주 중요한 수단 중의 하나가 Van-Kampen 정리이다. 일반적인 형태의 Van-Kampen 정리는 기본군을 구하고자 하는 위상공간을 기본군을 쉽게 알 수 있는 열린집합으로 나누어 이 열린집합의 기본군의 적당한 결합으로 전체공간의 기본군을 나타내는 것이다. 여기서는 이 책에서 필요로 하는 특별한 경우인 주어진 공간이 두 개의 열린집합의 합으로 표시된 경우만을 다루기로 하겠다.

길연결공간 X가 길연결인 부분집합 U와 V의 합집합이라 하자. 덧붙여, U와 V 모두가 X의 기준점 x_0를 포함하고 있다고 가정하자. 포함함수에 의하여 유도된 준동형사상 $j_U : \pi_1(U,x_0) \to \pi_1(X,x_0)$와 $j_V : \pi_1(V,x_0) \to \pi_1(X,x_0)$를 고려하자. 이 준동형사상들을 자연스럽게 확장하여 얻은 준동형사상을

$$\Phi : \pi_1(U,x_0) * \pi_1(V,x_0) \to \pi_1(X,x_0)$$

라 하자. 포함함수로부터 유도된 준동형사상 $i_U : \pi_1(U \cap V,x_0) \to \pi_1(U,x_0)$, $i_V : \pi_1(U \cap V,x_0) \to \pi_1(V,x_0)$을 고려하면

$$j_U \circ i_U = j_V \circ i_V$$

가 되어 임의의 $[\sigma] \in \pi_1(U \cap V,x_0)$에 대하여

$$\Phi(i_U([\sigma])i_V([\sigma])^{-1}) = 1$$

이 성립한다. 따라서 $\{i_U([\sigma])i_V([\sigma])^{-1} \mid [\sigma] \in \pi_1(U \cap V,x_0)\}$에 의하여 생성된 정규부분군을 N이라 하면 $N \subset \ker\Phi$이 성립한다.

정리 위상공간 X가 길연결공간이고 x_0를 X의 기준점이라 하자. 다음을 만족하는 X의 길연결인 두 열린 부분집합 U와 V가 있다고 하자.

(a) $X = U \cup V$ 이고

(b) $U \cap V$가 길연결집합이고 $x_0 \in U \cap V$ 이다

그러면 준동형사상 $\Phi : \pi_1(U,x_0) * \pi_1(V,x_0) \to \pi_1(X,x_0)$ 이 전사이고 $\ker\Phi = N$이 성립한다. 따라서

$$\pi_1(X,x_0) \cong \pi_1(U,x_0) * \pi_1(V,x_0)/N$$

이 성립한다.

증명. 먼저 Φ가 전사임을 보이자. $[f]$를 $\pi_1(X,x_0)$의 임의의 원소라 하면 $\{f^{-1}(U), f^{-1}(V)\}$가 단위 닫힌구간 I의 열린덮개가 된다. I가 옹골집합이므로 Lebesque 수 δ가 존재한다.

$$|a-b| < \delta \text{ 이면 } f([a,b]) \subset U \text{ 또는 } f([a,b]) \subset V$$

이 성립하므로 $f([s_i, s_{i+1}])$가 U 또는 V에 포함되도록 하는 I의 분할

$$0 = s_0 < s_1 < \cdots < s_m = 1$$

이 존재한다. 만약 이웃하는 구간 $[s_{i-1}, s_i]$와 $[s_i, s_{i+1}]$가 f에 의하여 U, V 중 같은 곳에 들어가면 분할에서 s_i를 빼는 작업을 반복하여 하면 이웃하는 구간은 f에 의하여 서로 다른 곳으로 들어가는 것으로 가정해도 무방하다.

$$f_i = f|_{[s_{i-1}, s_i]}$$

라 하면 $f = f_1 * \cdots * f_m$이 된다. $U \cap V$가 길연결집합이므로 $U \cap V$ 안에서 x_0에서 $f(s_i)$로의 곡선 g_i를 선택할 수 있다.

그러면 닫힌곡선

$$h = (f_1 * \overline{g}_1) * (g_1 * f_2 * \overline{g}_2) * \cdots * (g_{m-1} * f_m)$$

은 U 또는 V에 포함되고 기준점이 x_0인 닫힌곡선들의 곱으로 표시되고

$$h \cong f \, rel\{0,1\}$$

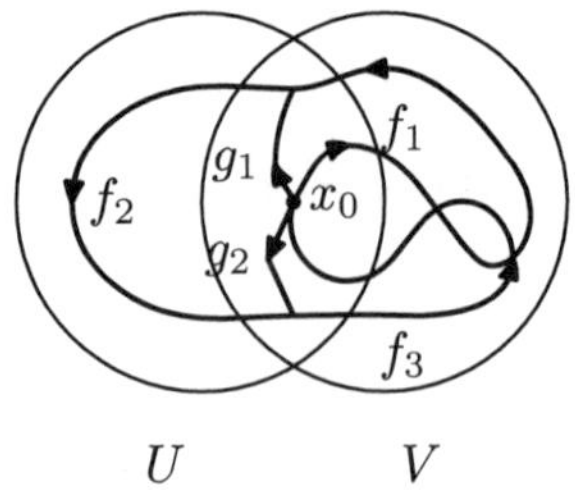

이다. 따라서 $\Phi([h]) = [f]$ 이 된다. 그러므로 Φ는 전사이다.

이제 $\ker\Phi = N$ 임을 보이자. 먼저 $\pi_1(U,x_0) * \pi_1(V,x_0)$ 의 한 원소 $[f_1]\cdot[f_2]\cdot\cdots\cdot[f_k]$ 에 다음 두 가지 종류의 작업 또는 그 역작업을 유한번 행하여 다른 원소 $[f_1']\cdot[f_2']\cdot\cdots\cdot[f_l']$ 을 얻을 수 있으면 두 원소를 동치인 낱말이라 하자.

(1) $[f_i]$ 와 $[f_{i+1}]$ 이 $\pi_1(U,x_0)$ 와 $\pi_1(V,x_0)$ 중 어느 한 군에 동시에 속하면 $[f_i]\cdot[f_{i+1}]$ 을 한 항 $[f_i * f_{i+1}]$ 으로 줄인다.

(2) f_i가 $U \cap V$ 에 속하는 닫힌곡선이라 하자. 그러면 $[f_i] \in \pi_1(U,x_0)$ 일 때, $[f_i] \in \pi_1(V,x_0)$ 로 간주한다. 또 반대로 $[f_i] \in \pi_1(V,x_0)$ 일 때, $[f_i] \in \pi_1(U,x_0)$ 로 간주한다.

(여기서 f_i, f_i' 는 모두 기준점이 x_0 인 닫힌곡선이다.)

$\pi_1(U,x_0) * \pi_1(V,x_0)$ 의 임의의 두 원소 $[f_1]\cdot[f_2]\cdot\cdots\cdot[f_k]$ 와 $[f_1']\cdot[f_2']\cdot\cdots\cdot[f_l']$ 가 $\pi_1(U,x_0) * \pi_1(V,x_0)/N$ 의 같은 원소를 나타내는 것은 이 두 원소가 동치인 낱말일 필요충분조건임을 주목하자.

$N \subset \ker\Psi$ 가 자명하므로 $\ker\Phi = N$ 임을 보이려면

$$\Phi([f_1]\cdot[f_2]\cdot\cdots\cdot[f_k]) = \Phi([f_1']\cdot[f_2']\cdot\cdots\cdot[f_l']),$$

즉,

$$f_1 * f_2 * \cdots * f_k \underset{F}{\cong} f_1' * f_2 * \cdots * f_l \, rel\,\{0,1\}$$

일 때, $a = [f_1]\cdot[f_2]\cdot\cdots\cdot[f_k]$ 와 $b = [f_1']\cdot[f_2']\cdot\cdots\cdot[f_l']$ 가 동치인 낱말임을 보이면 된다.

Lebesque 보조정리를 이용하면 다음을 만족하는 $I \times I$ 의 분할

$$0 = s_0 < s_1 < \cdots < s_m = 1, \quad 0 = t_0 < t_1 < \cdots < t_n = 1$$

이 존재한다. 또한

$$F([s_{i-1}, s_i] \times [t_{j-1}, t_j]) \text{가 } U \text{ 또는 } V \text{에 포함된다.}$$

$R_{ij} = [s_{i-1}, s_i] \times [t_{j-1}, t_j]$라 했을 때, $F(R_{(i-1)j})$와 $F(R_{ij})$가 U와 V 중 어느 한 곳에 동시에 포함되면 두 사각형 $R_{(i-1)j}$와 R_{ij}를 통합하여 한 개의 큰 사각형으로 만든다. 이 작업을 반복하여 가로로 이웃한 두 사각형은 F에 의하여 U와 V 중 서로 다른 집합으로 가도록 한다. 이제 사각형을 순서대로

$$R_1, R_2, \ldots, R_q$$

로 표시하자(그림 1 참조).

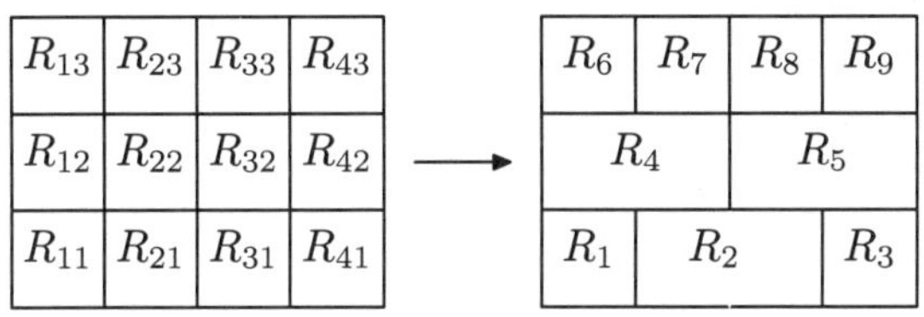

그림 1

첫 r개의 사각형 $R_1, \cdots, R_r$과 나머지 사각형을 분리하는 곡선을 γ_r이라 하자(그림 2 참조). γ_0는 $I \times I$의 밑변 $I \times \{0\}$이고 γ_{mn}은 윗변 $\{0\} \times I$이다. 각 γ_r은 $I \times I$의 왼쪽 변에서 오른쪽 변으로 가는 곡선이므로 $F|_{\gamma_r}$은 기준점이 x_0인 닫힌곡선임을 주목하자.

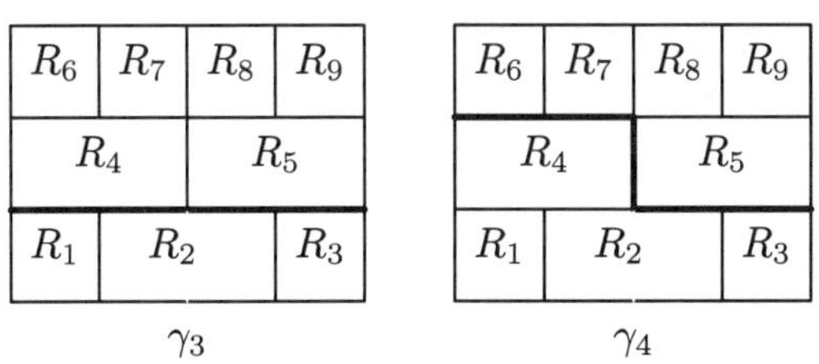

그림 2

R_r의 네 꼭지점을 그림 3에서 처럼 v_1, v_2, v_3, v_4로 표시하자.

이때 가로로 이웃한 두 사각형은 F에 의하여 U와 V 중 서로 다른 집합으로 가야 하므로 $F(v_i)$는 모두 $U \cap V$에 속한다. $F(v_i) \neq x_0$일 경우 $U \cap V$에서 시작점이 x_0이

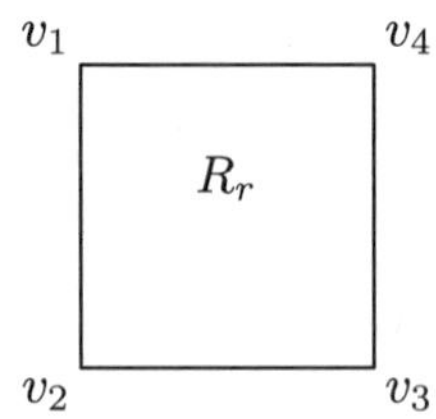

그림 3

고 끝점이 $F(v_i)$ 인 곡선을 선택하여 g_i 라 하자. $\bar{g}_i * g_i$ 를 적당한 위치에 끼워 넣으면 $F|_{\gamma_r}$ 을 기준점이 x_0 이고 U 또는 V 에 포함되는 닫힌곡선들의 곱으로 표시할 수 있다.

임의의 r 에 대하여 $[F|_{\gamma_r}]$ 와 $[F|_{\gamma_{r-1}}]$ 이 동치인 낱말임을 보인다면 수학적 귀납법에 의해 $[F|_{\gamma_0}] = a$ 와 $[F|_{\gamma_q}] = b$ 가 동치인 낱말임을 보이는 셈이 된다. $[F|_{\gamma_r}]$ 와 $[F|_{\gamma_{r-1}}]$ 이 동치인 낱말임을 보이도록 하자. R_r 이 가로로 나란히 있는 사각형 중 첫 번째 것일 경우 $R_r \subset U$ 라 가정하자(그림 4 참조).

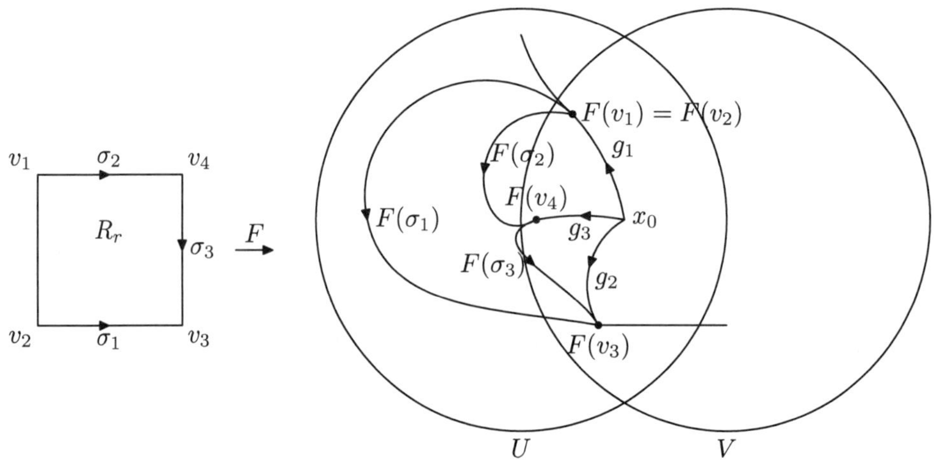

그림 4

$$[F|_{\gamma_{r-1}}] = [F(\sigma_1) * \bar{g}_3] \cdot [g_3 * \cdots] \cdot \cdots$$
$$[F|_{\gamma_r}] = [F(\sigma_2) * \bar{g}_4] \cdot [g_4 * F(\sigma_3) * \bar{g}_3] \cdot [g_3 * \cdots] \cdot \cdots$$

이고 U 에서

$$F(\sigma_1) * \bar{g}_3 \cong (F(\sigma_2) * \bar{g}_4) * (g_4 * F(\sigma_3) * \bar{g}_3)\, rel\, \{0, 1\}$$

이므로 (1)작업의 역작업을 통해 $[F|_{\gamma_r}]$와 $[F|_{\gamma_{r-1}}]$이 동치인 낱말이다.

R_r이 가로로 나란히 있는 사각형 중 첫 번째 것이 아닐 경우를 고려해보자. $F(R_{r-1}) \subset U, F(R_r) \subset V$라 가정해도 무방하다.

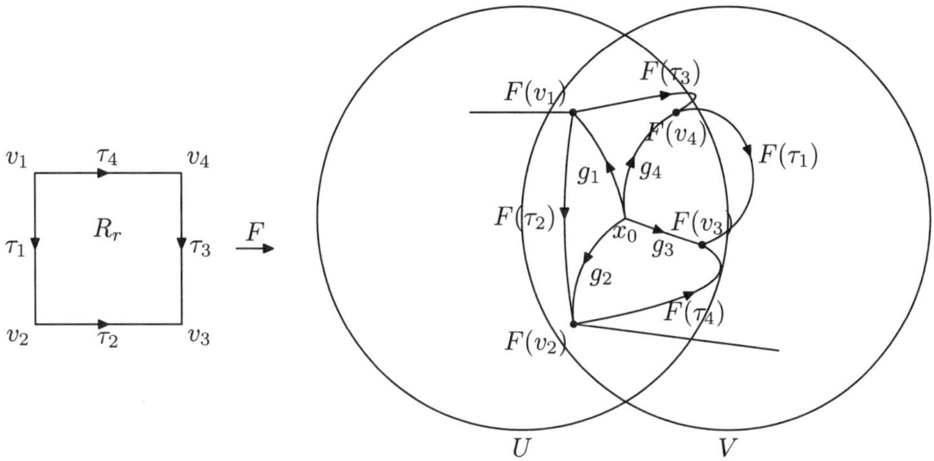

그림 5

그림 5에서 선분 τ_1은 $R_{r-1} \cap R_r$과 같으므로 $F(\tau_1) \subset U \cap V$이다.

$$[F|_{\gamma_{r-1}}] = \cdots \cdot [\cdots * \overline{g}_1] \cdot [g_1 * F(\tau_1) * \overline{g}_2] \cdot [g_2 * F(\tau_2) * \overline{g}_3] \cdots$$

이고

$$[F|_{\gamma_r}] = \cdots \cdot [\cdots * \overline{g}_1] \cdot [g_1 * F(\tau_4) * \overline{g}_4] \cdot [g_4 * F(\tau_3) * \overline{g}_3] \cdots$$

임을 주목하자. $g_1 * F(\tau_1) * \overline{g}_2 \subset U \cap V$이므로 위에 언급한 작업 중 두 번째 것을 적용하면

$$[g_1 * F(\tau_1) * \overline{g}_2] \in \pi_1(V, x_0)$$

로 간주해도 된다. 이제 V에서

$$(g_1 * F(\tau_1) * \overline{g}_2) * (g_2 * F(\tau_2) * \overline{g}_3) \simeq (g_1 * F(\tau_4) * \overline{g}_4) * (g_4 * F(\tau_3) * \overline{g}_3)\, rel\,\{0,1\}$$

이므로 첫 번째 종류의 작업과 그 역작업을 적용하면 $[F|_{\gamma_r}]$와 $[F|_{\gamma_{r-1}}]$이 동치인 낱말임을 알 수 있다. □

참고문헌

[1] M.A. Armstrong, *Basic Topology*, Springer-Verlag, 1983.

[2] D.W. Kahn, *Topology*, The Williams & Wilkins Company, 1973.

[3] W.S. Massey, *Algebraic Topology: An Introduction*, Springer-Verlag, 1967.

[4] J.R. Munkres, *Topology*, 2nd edition. Prentice-Hall, 2000.

찾아보기

위상수학 입문 제2판

지은이 문명호 · 박종일
펴낸이 조경희
펴낸곳 경문사
펴낸날 2005년 2월 28일 2판 1쇄
2022년 2월 28일 2판 9쇄
등 록 1979년 11월 9일 제1979-000023호
주 소 04057, 서울특별시 마포구 와우산로 174
전 화 (02)332-2004 팩스 (02)336-5193
이메일 kyungmoon@kyungmoon.com

값 17,000원

ISBN 89-7282-812-2